PROPRIÉT...

RÉPONSES

ENQUÊTE... DE L'AGRICUL...

M. DANIEL HAUSE

MEMBRE DE LA CHAMBRE CONS...
DU CONSEIL D'ARRONDISSEMENT...
DU CANTON D...

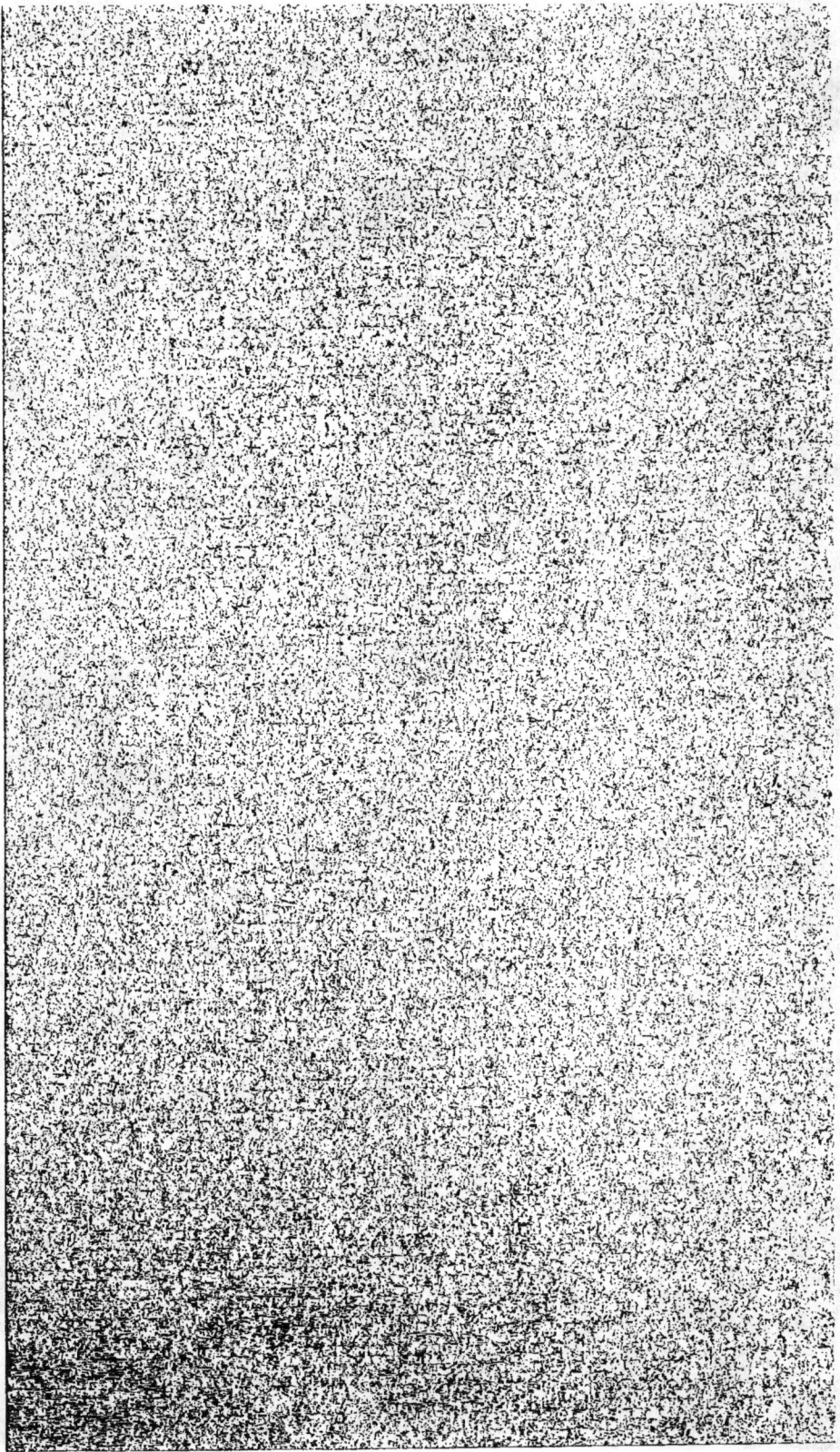

ÉTUDE

SUR LA

PROPRIÉTÉ FONCIÈRE

ET

RÉPONSES

FAITES A

L'ENQUÊTE SUR LA SITUATION ET LES BESOINS

DE L'AGRICULTURE

ÉTUDE

SUR LA

PROPRIÉTÉ FONCIÈRE

ET

RÉPONSES

FAITES A

L'ENQUÊTE SUR LA SITUATION & LES BESOINS

DE L'AGRICULTURE

PAR

M. DANZEL D'AUMONT

MEMBRE DE LA CHAMBRE CONSULTATIVE D'AGRICULTURE,
DU CONSEIL D'ARRONDISSEMENT ET PRÉSIDENT DE LA STATISTIQUE,
DU CANTON D'HORNOY.

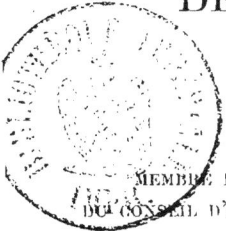

AMIENS

IMPRIMERIE ALFRED CARON FILS

42, RUE DE BEAUVAIS, 42

1866

PRÉFACE.

L'enquête agricole est la grande préoccupation du moment; tout le monde y travaille. Les comices, les chambres d'agriculture, ont mis cette question à l'ordre du jour. En effet, il faut se hâter, car bientôt la grande Commission chargée de recueillir et de coordonner tous les renseignements va se mettre à l'œuvre.

Que sortira-t-il de toute cette agitation? rien ou très peu de chose. Il n'est pas question de ressusciter l'échelle mobile dûment enterrée. Relèvera-t-on le droit de 50 c. par hectolitre mis à l'entrée des blés étrangers? Sans doute ce droit pourrait être relevé; mais aurait-il le privilége de guérir comme par miracle tous les maux de l'agriculture? qu'il me soit permis d'en douter. La propriété, qui a d'intimes rapports avec l'agriculture, souffre parce qu'elle supporte des charges énormes et des droits écrasants.

Elle a l'impôt direct qui avec les centimes additionnels monte au septième de son revenu, l'impôt des prestations qui pèse si lourdement sur les cultivateurs et qui ne peut pas même servir à l'entretien des chemins ruraux; l'octroi prélève à l'entrée des villes un lourd impôt sur tous les produits.

La propriété paie à sa transmission 10 pour 100, les honoraires des notaires compris. Elle paie des droits élevés lors des mariages, partages, échanges, donations, successions ; elle en paie également sur les ventes mobilières, tellement qu'en peu d'années l'état a perçu la valeur entière de la propriété. Croit-on que les pays qui nous font concurrence sur les marchés aient de pareils droits à supporter ?

Pendant les douze années que j'ai consacrées au travail de la sous-répartition, j'ai été frappé de toutes les charges qui grèvent la propriété. En les mettant au jour en ce moment j'ai cru apporter aussi mon contingent à l'enquête et devoir réclamer pour la culture une juridiction spéciale à l'instar de celle qui régit le commerce.

En donnant les chiffres de la sous-répartition, je fournis la preuve que nous avons agi, mon beau-frère et moi, aussi consciencieusement que possible ; on nous pardonnera, je l'espère du moins, les erreurs involontaires que nous aurions pu commettre, en considérant les difficultés de cet immense travail.

Après avoir indiqué le mode actuel de classement, je montre quelles simplifications on pourrait y apporter afin de rendre accessible à tout le monde un travail aujourd'hui si compliqué. Pour mettre en rapport les Départements contribuant si inégalement aux charges de l'Etat, il faut avoir une base de proportionnalité applicable à tous. Puissé-je avoir réussi à l'indiquer et faire faire ainsi un pas à la question !

ÉTUDE

SUR LA

PROPRIÉTÉ FONCIÈRE.

Pendant longues années la propriété foncière fut presque le symbole unique de la richesse. Posséder une belle terre, l'arrondir de toutes les parcelles en contact avec elle, telle était la grande préoccupation du seigneur châtelain.

A son exemple, le marchand enrichi se hâtait d'immobiliser le gain de son négoce, et, plus fier que les anciens nobles, il exerçait durement ses droits nouveaux : cet exemple gagnant de proche en proche, tous ceux qui avaient amassé quelque argent se hâtaient de le mettre en sûreté en achetant au pays un petit coin de terre. Ils tiraient peu de revenus du fruit de leurs labeurs ; mais le placement offrait une sécurité absolue.

Il y a trente ans à peine, la province était tellement imbue de la supériorité de la terre sur les fortunes mobilières qu'en vain Paris eût offert ses partis les plus riches de ces sortes de valeurs, un préjugé fortement enraciné les eût fait refuser. Sous l'influence de ces idées le prix de la terre s'élevait incessamment, et il suffisait d'avoir acheté depuis un certain temps pour revendre avec profit. Aussi était-ce l'âge d'or de la spéculation, et on citait des fortunes colossales réalisées par ce moyen.

Cette marche ascendante devait avoir un terme : la révolution de 48 arriva, menaçant à la fois le trône et la propriété ; les mots d'impôt progressif retentirent comme un glas funèbre aux oreilles des détenteurs du sol ; l'impôt des 45 centimes vint briser le contrat solennel qui liait le fermier à son propriétaire. La propriété, cette arche sainte ébranlée sur sa base, perdit tout son prestige !

Après une éclipse momentanée, le trône a reparu plus radieux ; mais la propriété se ressent encore du choc violent qu'elle a éprouvé. Les spéculateurs balayés par la tourmente n'ont plus reparu et les plus aventureux ont trouvé à exploiter un champ qui leur offrait un bien plus large horizon (les valeurs industrielles).

PREMIÈRE PARTIE.

Les valeurs industrielles.

Il existait depuis longtemps, en dehors de la propriété, diverses sources de la fortune publique : les fonds de l'état, le commerce, la navigation, les canaux marchaient parallèlement à la propriété et employaient des capitaux importants ; mais ces divers emplois de l'épargne non vulgarisés se localisaient pour la plupart et se circonscrivaient aux centres d'émission. C'est ainsi que Paris renfermait les 2/3 des rentiers de l'Etat, et on vit un prélat éminent s'opposer à la conversion des rentes, parce qu'elle froissait ses ouailles, les petits rentiers de la capitale. Les districts manufacturiers gardaient pour eux seuls le monopole du commerce spécial. Les canaux recrutaient leurs bailleurs de fonds dans les pays qu'ils desservaient et la navigation alimentait ses immenses entreprises avec des capitaux fournis par les ports de mer.

Lorsqu'une Société se créait, elle recrutait de riches capitalistes qui prenaient eux-mêmes une part active à la gestion. Naturellement ces associés étaient peu nombreux; mais lorsqu'on eut créé les gérants responsables qui sous le contrôle d'un conseil de surveillance dirigent toute une affaire, le rôle des actionnaires se trouva fort amoindri et les actions se fractionnèrent à l'infini, attirant ainsi les capitaux les plus minimes. Le mouvement de 48, en raréfiant le numéraire, paralysa les ventes de terres; de son côté, le Gouvernement, faute de pouvoir rembourser les fonds des Caisses d'épargne, les convertit en rentes sur l'Etat. Cette mesure contribua à répandre en province le goût des placements mobiliers. La création des chemins de fer soutira toutes les économies de la province, et, à la place de la répugnance qu'elles inspiraient, surgit un engouement universel.

Il faut avouer que ces affaires justifiaient pour la plupart le courant inouï qu'elles provoquaient. Rien de plus varié que les combinaisons, soit d'intérêt, soit de capital qu'elles offraient à la diversité des goûts. Rien de plus facile que la vente ou l'acquisition. Chaque jour les journaux vous apportent le cours des valeurs, et, sur un mot écrit à un agent de change, vous êtes acquéreur ou vendeur à volonté. Aucun droit n'arrête votre transmission : aussi ces valeurs sont-elles l'objet d'un jeu affreux qui dégénère en scandale public.

Avez-vous besoin de fonds pour une opération? la Banque vous les avance sur le dépôt de vos titres et, l'opération terminée, vous rentrez dans la possession de vos valeurs.

L'intérêt est payé à jour fixe et plusieurs fois par an ; quoi de plus favorable pour régler ses dépenses et maintenir l'équilibre de son budget? Les titres sont nominatifs ou au porteur pour se prêter aux diverses combinaisons; ils sont à l'abri de toute contestation, et l'impôt qui pèse sur certaines de ces valeurs est uniformément réparti.

En voyant fonctionner ces rouages tout à la fois si simples et si compliqués, on ne saurait douter que les financiers les plus habiles n'aient imprimé leur cachet à toutes ces affaires. Pas un progrès n'est réalisé dans un coin du monde sans qu'il ne soit à l'instant impatronisé parmi nous: aussi ces affaires exercent-elles une immense attraction. La richesse publique s'est accrue dans des proportions incroyables et telles qu'un ministre n'a pas craint de l'évaluer à 40 milliards.

En effet, non-seulement la France a émis des affaires très-importantes, mais encore une foule d'entreprises étrangères ont été vivifiées par les capitaux français. Ces affaires étrangères, souvent mal conçues et mal administrées, engloutissent aujourd'hui la plupart des capitaux qui leur ont été confiés. Le charme qui attirait vers les affaires industrielles est rompu. Ne faudrait-il pas profiter de ce temps d'arrêt pour reporter les idées vers la propriété en améliorant tout ce qui la touche et en rendant ce placement aussi profitable qu'il est sûr?

Ventes et acquisitions.

Pour faire surgir la masse si considérable des capitaux qui ont été employés aux affaires industrielles, non-seulement il a fallu exhumer tout l'argent qui dormait dans des cachettes ignorées, mais encore un grand nombre de propriétaires de la ville et même de la campagne ont vendu les terres qu'ils possédaient. Ces aliénations ont encore contribué à la dépréciation des cours.

La vente en gros étant devenue à peu près impossible, le détail en a absorbé la plus grande partie, surtout dans les endroits où les petits cultivateurs et les ménagers ont contracté l'excellente habitude de confier au sol toutes leurs économies. C'est ainsi que de belles terres ont été fractionnées à l'infini.

Tout en regrettant ces domaines qui deviendront bientôt un mythe parmi nous, on ne saurait nier que ces ventes n'entretiennent l'aisance générale et que le sol n'arrive entre les mains des ménagers à son maximum de production : ainsi que l'a dit récemment un observateur illustre, les bras les moins coûteux et les plus intelligents sont ceux d'une famille entière dont tous les membres se consacrent à l'agriculture (1).

Ces terres divisées se subdiviseront encore et pourront rendre impossible la culture à la charrue : c'est l'écueil de la trop grande division ; peut-être serait-il bon que la loi intervînt à cet égard.

(1) M. Eugène Guyot.

Cette malheureuse disposition à convertir les terres en actions industrielles paraît fort amoindrie; les ventes faites actuellement dans ce but résultent de nécessités de famille ou de position et le moment n'est pas éloigné où les placements territoriaux reprendront faveur. On doit tout faire pour favoriser ce mouvement, et notamment : 1° solliciter la diminution des droits d'enregistrement qui pèsent sur la transmission de la propriété ;

2° Mettre par des titres invariables la possession à l'abri des procès ;

3° Répartir équitablement la charge des impôts;

4° Créer des tribunaux spéciaux à l'instar des tribunaux de commerce pour que le cultivateur soit jugé par ses pairs.

Nous examinerons successivement ces divers points après avoir passé en revue l'acquisition des différentes sortes de propriétés et énuméré les précautions à prendre pour chacune.

Acquisition des maisons.

Tout en admettant l'importance de ce chapitre, nous ne ferons que l'effleurer, car les placements sur maison ressemblent par plus d'un côté aux placements industriels. C'est une industrie qui exige des connaissances tout à fait spéciales ; avec de l'habitude il est facile d'apprécier la valeur d'une construction et les conditions favorables d'emménagement relatives à la destination ; mais la position d'avenir est plus difficile à juger. La mode est capricieuse et tel quartier perd dans l'opinion, tandis que l'autre est à son apogée. Beaucoup de villes à l'instar de Paris sont remaniées de fond en comble. Elles désertent les lieux qui leur servirent de berceau pour se porter dans la campagne. On ne recule devant aucun obstacle, les maisons font place à un boulevard et un chemin de fer traverse une Eglise.

Dans ce cas une mauvaise maison expropriée vaut mieux qu'un bel hôtel mal situé.

La valeur des maisons à la campagne est encore plus irrégulière. Il est rare qu'on trouve à son goût les constructions élevées par d'autres; et il n'est pas sans exemple qu'une masure tout à fait nue ne soit vendue plus cher que le même terrain couvert de mauvaises constructions. Aussi les conseils que nous pourrions hasarder en ces matières délicates seraient d'un faible secours pour les personnes qui voudraient employer leurs capitaux de cette manière.

Acquisition des terres.

Si vous feuilletez un journal spécial vous y trouvez annoncées un grand nombre de propriétés rurales. La réclame les pare des plus séduisantes couleurs, et ce qui prouve que les affaires sont difficiles, c'est que vous trouvez ces annonces longtemps à la même place. Il est vrai de dire aussi que souvent les vendeurs ont des prétentions exorbitantes et que seule la force des choses les ramène à la véritable valeur. Il arrive aussi que la location a été poussée à ses extrêmes limites et que dans ce cas la vente n'est possible qu'à 3 ou 4 p. 0/0 du revenu. Il se trouve même des vendeurs peu scrupuleux dont la location est entâchée de fraude : ainsi en faisant au fermier un bail de 12 années on lui donne une quittance des trois premières et on en reporte le prix sur les neuf autres. Cet arrangement sourit au fermier entrant, parce qu'il lui permet de s'installer commodément et de faire des avances à la terre.

Le propriétaire passe trois années sans revenu ; mais il espère escompter à la vente le haut prix de la location : ce n'est qu'au moment de renouveler le fermage que l'acquéreur reconnait le piége dans lequel il est tombé.

Lorsqu'un propriétaire afferme une terre mise en valeur par sa bonne culture, les fermiers abondent et la prisent très-haut ; mais lors du renouvellement du bail le prix redescend au niveau de celui des terres voisines et l'acquéreur se trouve déçu de ses espérances.

Il arrive aussi que les terres mises en vente proviennent de bois défrichés; la location première s'est faite à très-haut prix et le fermage se paie tant que les récoltes se maintiennent;mais viennent-elles à faire défaut soit par la nature du sol, soit par l'impéritie du fermier,les paiements cessent tout à coup à moins qu'ils ne soient garantis par de bonnes hypothèques. Cette ressource elle-même est souvent illusoire ; car les cultivateurs prudents se gardent de ces sortes d'affaires et les gens aventureux qui les entreprennent sont souvent d'une solvabilité très-problématique. En admettant que le premier bail se termine sans encombre, quel sera le prix du second?

J'ai suivi un très-grand nombre de défrichements et je n'ai vu réussis que ceux cultivés par les propriétaircs soit que la culture soit faite par celui qui a défriché,et mieux encore par ceux auxquels le terrain a été vendu en détail.

Celui qui veut acquérir une propriété doit la choisir en

bon sol et autant que possible dans une commune riche et adonnée à la culture. C'est une chance heureuse lorsqu'elle est louée à la même famille qui se la transmet de père en fils comme un héritage et la cultive comme son propre bien. Le revenu dans ce cas ne sera pas très-élevé ; mais le paiement est assuré et il offre des chances certaines d'augmentation à chaque renouvellement.

Lorsque la propriété est isolée ou située sur une commune peu populeuse, elle ne peut être exploitée que moyennant un corps de ferme ; c'est une fâcheuse nécessité par le temps actuel d'entretenir des bâtiments et quelquefois d'en construire de nouveaux pour subvenir aux exigences d'une bonne culture. Aussi nous voyons supprimer grand nombre de ces fermes et louer au détail : toutefois avant de prendre cette grave résolution, il importe de bien apprécier les ressources de la localité ; car si à l'expiration du bail les fermiers venant à se coaliser rendaient la location impossible, on regretterait amèrement la destruction de la ferme qui les tenait en respect.

Lorsqu'on afferme au détail, il est prudent d'espacer les baux et de les mettre à neuf, douze et quinze années ; de cette manière on n'a affaire chaque fois qu'au tiers des fermiers et les coalitions sont presqu'impossibles. Au reste si la location est utile pour la vente en gros, elle est un grand obstacle pour la vente au détail ; celle-ci n'est possible qu'à l'expiration du bail ou du moins dans les trois dernières années. Si vous achetez une propriété pour la cultiver, assurez-vous qu'elle remplit les conditions indispensables à toute bonne culture.

1° Le sol est-il de bonne qualité ? Nous plaçons *tout à fait* en première ligne cette condition ; si le ciel vous a fait naître

sur un sol médiocre, la science moderne vous apprendra à
en tirer parti à l'aide de très-grandes avances ; mais dussiez-
-vous perdre toute chance à la prime d'honneur, s'il vous
est donné de choisir, achetez de bonnes terres, ce sont toujours les meilleures marché. Vous aurez ainsi bien moins
d'avances à faire et vos récoltes seront bien plus assurées.

C'était le conseil que donnait l'illustre M. Malingié à un
enfant de la Picardie qui avait appris la culture auprès de
lui et qui allait le quitter pour prendre une exploitation :
Mon ami, lui disait-il, soyez plutôt fermier de bonnes terres
que propriétaire de mauvaises; j'ai pavé de pièces de 5 fr.
le sol ingrat de la Sologne. Si j'avais fait les mêmes avances
dans mon pays de Flandre que l'on croit porté à la plus
haute fertilité, j'aurais bien mieux réussi.

2° Que le domaine soit homogène et placé à portée de
l'habitation. Je sais qu'il est très rare aujourd'hui de trouver ces heureuses conditions ; mais il n'est pas moins vrai
qu'elles sont très-désirables et qu'on doit faire tous ses
efforts pour en approcher le plus possible. En effet, il y a
ainsi une grande économie de temps pour les allées et
venues, moins de fatigue pour les attelages, soit pour porter
les fumiers ou rapporter les récoltes, moins de déperdition
des engrais et une plus grande facilité pour le pâturage des
troupeaux.

3° Que ce domaine renferme des pâturages. Bien qu'une
certaine école préconise la stabulation permanente et pros-
crive les herbages, je ne crois pas qu'une ferme puisse
exister sans élèves, et, pour les faire bien et économiquement, la liberté est indispensable. Que, l'hiver, les animaux
soient livrés à la stabulation permanente, rien de plus naturel ; c'est d'ailleurs le meilleur moment pour confectionner

les fumiers ; mais qu'on ne puisse, l'été, se débarrasser de toute espèce de soins et nourrir économiquement ses animaux, c'est ce que je ne pourrais comprendre ! On ne saurait évaluer à plus de 120 fr. de location l'hectare d'herbage compris dans une ferme ; cet espace nourrira abondamment 4 génisses pendant 6 mois; c'est 30 fr. pour chacune d'elles, soit 17 centimes par jour ou 5 fr. par mois, c'est à dire trois fois moins qu'à l'étable. Il est préférable de trouver les herbages tout faits ; mais, toutefois, lorsque les plantations y sont trop rapprochées, lorsque les taupinières, les orties, les ronces ont envahi le terrain, il vaudrait mieux les faire soi-même et les porter au plus haut point de fertilité. J'en conclus qu'il faut que les herbages soient proportionnés à l'importance de l'exploitation, c'est à dire au moins le cinquième. Avec la rareté des bras agricoles, j'aimerais mieux les pâturages de la Normandie sans culture qu'une culture sans pâturages.

4° Qu'il y ait de bons chemins d'exploitation. Le profit en culture ne résulte pas seulement d'une partie bien conduite, mais chaque branche doit fournir son contingent : les chevaux, les vaches, les moutons, les porcs et même la volaille. Les chevaux doivent fournir leur part, mais il n'est possible d'employer de jeunes chevaux que si les chemins sont faciles et bien entretenus. Les chemins en plaine exigent plus d'entretien ; mais les montées trop raides seront toujours le désespoir des charretiers et la ruine des attelages.

5° Le pays offre-t-il de faciles débouchés ? Il n'est guère possible aujourd'hui de faire de la culture terre à terre comme autrefois ; la culture revêt maintenant un cachet industriel qui exige un nombreux va-et-vient ; aussi, un ingénieur habile démontrait-il qu'un pays vraiment agricole fournissait autant de transport au chemin de fer qu'un pays de fabrique. En effet, le cultivateur exporte des grains, des animaux gras, des betteraves; il rapporte des tourteaux, des pulpes, des engrais de toute sorte. C'est une heureuse chance quand l'exploitation trouve dans un rayon peu éloigné un bourg ou marché important qui lui facilite ses transactions. Le voisinage d'une station est un avantage inappréciable, mais qui n'est pas donné à tout le monde. On ne peut pas tout réunir à la fois; il faut se contenter de l'essentiel.

6° Trouve-t-on dans le pays des ouvriers ? Il est très-précieux de rencontrer dans la localité des ouvriers probes et intelligents à des conditions raisonnables. On peut, il est vrai, diminuer la main-d'œuvre par l'emploi des machines et appeler des bras étrangers au pays ; mais il y a dans la culture des instants urgents où il est nécessaire de réunir un nombreux personnel; il est très-avantageux de l'avoir sous la main. Le sarclage des lins, le binage des œillettes et des légumes, la fenaison des prairies naturelles et artificielles exigent presque toujours de nombreux ouvriers et le succès peut dépendre du monde dont on dispose.

7° Les bâtiments ruraux sont-ils bien disposés ? Nous ne pouvons entrer ici dans aucun détail, nous nous bornerons à dire que la bonne organisation d'une basse-cour contribue beaucoup à la réussite de la culture. La surveillance du maître est bien plus facile lorsque d'un seul coup-d'œil il peut saisir tous les détails de l'exploitation. Il importe en outre que l'accès des granges soit aisé, que les animaux soient convenablement logés et que la fosse à fumier placée à portée des étables soit facile à vider. Il est bien rare de trouver dans les anciennes fermes tous ces avantages réunis ; mais il importe au moins que le terrain se prête à une bonne organisation.

8° Sortie des marchés. Je crois devoir avertir l'acquéreur d'un écueil contre lequel il se heurtera inévitablement. Les fermiers, à peine informés que leurs baux ne seront pas renouvelés, cesseront immédiatement toutes leurs avances à la terre et s'efforceront d'en tirer la quintessence. Vous aurez beau invoquer la sévérité des clauses, vous aurez bien peu de chances d'obtenir devant les tribunaux la répression de ce criant abus.

Les rares fermiers qui ont agi consciencieusement et ceux qui ont stérilisé la terre pour longtemps sortent aussi paisiblement de leurs marchés. Seulement, les premiers sont regardés comme des imbéciles qui n'ont pas su tirer parti de leur position, les autres, au contraire, sont loués comme l'économe infidèle. Ce scandale ne se produirait pas si l'agriculture avait comme le commerce ses tribunaux spéciaux. Nous reviendrons plus tard sur ce sujet important. Terminons en disant que s'il est impossible de trouver une acquisition qui réunisse toutes ces conditions, au moins est-il nécessaire de les prendre en considération ; car la véritable valeur d'une propriété résulte non seulement de la qualité de la terre, mais aussi de toutes les circonstances accessoires qui en augmentent ou en diminuent le prix.

Acquisition de bois.

La constatation des revenus est de première nécessité pour l'acquisition des maisons et des terres ; il semble à

2

peu près impossible de faire la même chose pour les bois ; on l'a tenté bien souvent et presque toujours sans succès. L'irrégularité des coupes, les modes si divers d'exploitation, la variabilité des prix et mille autres circonstances présentent des obstacles insurmontables ; car lors même que l'on connaîtrait exactement le revenu brut et net qu'un bois a donné depuis trente ans, pour en conclure avec certitude quel est le revenu moyen, il serait encore nécessaire de connaître le stérage exact du début de la rotation et de le comparer à l'inventaire actuel, afin de savoir s'il y a augmentation ou diminution du capital primitif. Lorsque les arbres ont été soigneusement mesurés à chaque coupe, on peut en déduire la croissance moyenne annuelle ; il suffit alors de l'estimer au prix du pays, et, en défalquant les charges inhérentes au bois, on peut ainsi connaître exactement le revenu ; mais comme cet usage est peu fréquent dans nos parages et que le revenu est peu important dans l'acquisition des bois, on se contente d'estimer séparément le fond et la superficie et de les réunir ensemble pour avoir la véritable valeur : nous suivrons également cette méthode.

Le fonds : Le fonds d'un bois s'évalue généralement en vue du défrichement, car c'est toujours ce qui lui donne de la valeur ; je dois pourtant avouer que rien n'est plus incertain que le succès d'un défrichement ; on en a vu réussir ou manquer contre toutes les prévisions ; mais là comme ailleurs ce sont les exceptions qui confirment la règle. Il semblerait que les défrichements devraient réussir partout où le bois pousse vigoureusement : ce n'est pourtant pas une certitude. Pour apprécier le terrain il faut procéder à des sondages répétés afin de connaître la nature du sol et du sous-sol. On peut diviser le sol des bois en quatre catégories auxquelles viennent se rattacher les nuances intermédiaires : 1° les sols argileux ; 2° la terre fausse ou argile sablonneuse ; 3° les sols glaiseux ; 4° les sols crayeux.

1° Les sols argileux dits terre forte ou argile franche sont ceux qui se comportent le mieux à l'air libre et conservent les fumiers sans déperdition. En bois ils donnent des chênes poussant vivement, mais qui sont gras et sans qualité. Ce sont les meilleurs comme défrichement.

2° L'argile sableuse porte différents noms ; on l'appelle terre fausse, terre courte, etc. Ce sol fournit les plus beaux bois, les plus élevés et de meilleure qualité, mais il est très-mauvais pour la culture. Sa grande porosité permet aux racines un facile développement et l'ombre de la futaie conserve à cette terre la fraîcheur nécessaire à la bonne venue du bois ; mais, exposée au grand air, elle se *délite* facilement et perd toute consistance ; aussi se met-elle en boue à la pluie et en poussière à la sécheresse. Les engrais disparaissent promptement ; il faudrait sans cesse les renouveler ; c'est à ce sol d'apparence si trompeuse qu'on doit attribuer la plupart des insuccès.

3° Les sols glaiseux dits bieffeux sont toujours difficiles à cultiver, surtout lorsqu'ils sont mélangés de cailloux ; ils exigent des marnages répétés ; à tout prendre ils valent beaucoup mieux que les précédents, car ils conservent les engrais et ils donnent assez bien à ceux qui n'épargnent pas leurs peines.

4° Sols calcaires. Lorsque ces terrains sont à l'état pur, il n'est pas de défrichement possible ; mais lorsque le sous-sol est revêtu d'une couche d'humus ou terre noire, le taillis y

pousse promptement et les hêtres aussi. Ces sols, faciles
à défricher, donnent dès l'abord des récoltes abondantes;
mais ils s'épuisent vite et il est très-dangereux de les
mettre entre les mains des fermiers. C'est là l'inconvénient
réel des terrains défrichés ; presque toujours les premières
récoltes sont très-abondantes, mais elles épuisent promptement le détritus du bois accumulé depuis des siècles ; il
faudrait mettre en réserve les produits des premières récoltes et restituer intégralement à la terre les fumiers qui
en proviennent. Il n'y a guère que les propriétaires qui
suivent cette excellente méthode. Aussi, avant de défricher, il est bon (si on ne peut pas cultiver soi-même) de
s'assurer que l'on pourra vendre en. détail ; car créer une
ferme est excessivement dangereux et louer au détail
c'est s'interdire la possibilité de vendre à l'avenir. L'évaluation du fonds est chose difficile, car les terres défri-
chées sont l'objet d'une défaveur marquée de la part de
l'habitant des campagnes. En présence de ce préjugé
souvent justifié, on ne peut guère évaluer ces sortes de
terrains qu'à la moitié des terres similaires ; en outre, il
convient de défalquer les frais du défrichement qui montent
assez haut. Que serait-ce s'il était donné d'énumérer les
ennuis qui souvent ne sont pas moindres.

Superficie : L'évaluation de la superficie n'est qu'un jeu
pour ceux qui en ont l'habitude ; elle se fait à l'œil ou à
la mesure. Cette seconde manière est la plus exacte ; mais
il est des personnes au coup-d'œil si exercé qu'elles stè-
rent aussi juste de cette façon qu'avec le cordon.

De quelque manière que l'on procède, il faut se rendre un
compte exact de la valeur. En général le chauffage se vend
mieux sur place et les bois de qualité sont plus chers en

gros. La vente dépend beaucoup de la facilité des débouchés, de la position du bois, de la bonté des chemins, toutes choses à apprécier sur place et qui demandent une certaine habitude. Si on achète le bois pour le conserver ou si la position trop en pente ne permet pas le défrichement, il importe d'examiner les chances d'avenir que promet sa conservation, quelles sont les essences dominantes. Le taillis a-t-il une bonne venue ? Si les élèves sont rares et les bois mal abattus, il faudra une longue période de soins intelligents et souvent des frais considérables de repeuplement pour renouveler complétement le mobilier du bois. Ce sont des affaires d'avenir, mais non de revenu actuel.

Prés, Marais, Étangs.

Ce serait une étude très intéressante que celle de ces diverses propriétés ; mais pour étudier à fond chacune d'elles nous serions entraînés bien au-delà du cadre que nous nous sommes tracé. Ces natures de propriété comprennent près de 500,000 hectares dans l'arrondissement et elles diffèrent d'un pays à l'autre. Comment comparer ensemble les marais de Long qui valent 50,000 fr. l'hectare, les hortillonnages d'Amiens qui valent 12 à 15,000 fr., les prés du Liger qui valent 6 à 8,000 et les marais tourbés de la vallée de Somme qui ne produisent que des roseaux ! Quelquefois ces terrains peuvent être amenés à une bonne production par des travaux intelligents ; mais parfois aussi les travaux dépassent de beaucoup le produit espéré.

Nous laisserons de côté entièrement la prairie à tourber

qui renferme un capital immobilisé dont la valeur commerciale surgira tôt ou tard. Passant aux prairies irriguées, nous poserons seulement quelques questions : 1° Le système d'irrigation est-il simple et bien coordonné ? 2° l'eau est-elle de bonne qualité et en quantité suffisante ? 3° le barrage est-il bien établi, d'un entretien facile et fonctionne-t-il régulièrement ? 4° l'herbe est-elle fine et abondante ? 5° la fenaison est-elle facile ? Si les arbres gênaient cette opération, il faudrait les sacrifier impitoyablement; car on ne peut avoir l'un et l'autre à la fois.

Passant aux prés tourbés ou entailles, nous dirons : sont-ils susceptibles d'améliorations? quel serait le meilleur mode à employer ? serait-il possible d'y introduire un cours d'eau-vive qui y déposerait un limon bienfaisant?

Les prairies communales laissent beaucoup à désirer, mais avec le régime de la communauté les améliorations sont très-difficiles. Il en est une cependant que je crois devoir recommander, c'est de diviser en plusieurs parties l'espace consacré au pâturage des bestiaux ; le terrain est ainsi moins fatigué et on obtient une herbe plus abondante. Les digues de séparation peuvent être utilement employées à la plantation.

Landes et Friches.

Les terres incultes comprises sous cette dénomination, lors du dernier cadastre , s'élevaient encore à près de 11,000 hectares; depuis ce temps les trois quarts ont été mis en culture. En reste-t-il encore qui soient susceptibles de l'être ? Je crois ce nombre bien restreint, surtout si j'en juge par la grande quantité qui ne méritait pas d'être cultivée : les unes parce que leur éloignement accroît démesurément les frais de culture ; les autres parce que leur sol dénué de consistance dévore les engrais. Il en est dont la déclivité est telle que la culture avec la charrue est presqu'impossible ou tout à fait dangereuse. Tous les jours la Picardie voit diminuer ses réserves forestières ; l'intérêt particulier des propriétaires qui doublent ou même triplent ainsi leurs revenus, est en désaccord complet avec l'intérêt général. Il est urgent de réparer (autant que faire se peut) cette lacune, en conseillant le boisement de toutes les terres impropres à la culture. Malheureusement cette œuvre est coûteuse et longtemps improductive, et plus le sol est mauvais, plus les travaux sont considérables.

Il s'est fait un grand nombre de plantations ; mais par une économie mal entendue presque toutes ont été faites dans de déplorables conditions et l'insuccès le plus complet a suivi ces tentatives avortées.

J'avoue que ce faux calcul a tout lieu d'étonner dans un siècle aussi calculateur que le nôtre. Ne vaut-il pas mieux placer 300 fr. à coup sûr, que gaspiller 100 fr. en pure perte ? Telle est pourtant l'erreur commune et qui n'est pas toujours le fait de personnes dénuées d'intelligence.

Il existe deux modes principaux de boisement : le semis et la plantation. Quelque soit le mode adopté , il faut nétoyer énergiquement le terrain par un défoncement complet fait avant l'hiver et par plusieurs labours entremêlés de coups de herse jusqu'à ce qu'on ait amené le sol à un ameublissement complet. Ce travail exige habituellement deux années et il est souvent avantageux de mettre une récolte d'avoine ou de sarrasin la seconde année. En général, le semis se fait au mois de février avec des graines récoltées aussitôt la maturité et conservées suivant l'usage; on doit les recouvrir par un coup de herse en même temps qu'une légère semence d'avoine qui sert d'abri au plant et qu'on abandonne sur place. Dans les sols crayeux le cytise doit occuper la plus grande place parce qu'il est la providence de ces sortes de terrains. On y ajoute le hêtre, le chêne, le charme, l'érable, le bois de Ste-Lucie ou tout autre qu'on a pu se procurer. Le semis doit être protégé por un fossé bordé d'une haie d'épines afin de le défendre contre la dent des animaux et entretenu net d'herbes pendant plusieurs années.

La plantation se fait de trois manières : à la rigole, au pot, ou au fossé. On plante à la rigole en faisant de fortes raies de charrue dans lesquelles on espace le plant à 70 centimètres; on passe plusieurs raies sans mettre de plant et on continue ainsi jusqu'à la fin. On plante au pot en faisant un trou de 35 centimètres carrés et en mettant un brin à chaque coin; on espace plus ou moins les fosses suivant la nature du terrain. Ces moyens sont peu coûteux, mais la réussite est peu assurée. La plantation dite au plateau ou au fossé est beaucoup plus coûteuse, mais son succès est certain dons tous les terrains quand le travail est bien fait.

Nous ne décrirons pas de nouveau cette excellente méthode, nous dirons seulement : 1° que la pose horizontale du plant assure la reprise des plus rebelles, puisque l'on peut étaler à l'aise le pivot sans le retrancher ; 2° non-seulement on concentre au profit de la plante toute la bonne terre, mais on en crée de nouvelle au moyen du défoncement des fossés qui, exposés à l'air et recueillant tous les détritus, s'améliorent insensiblement et plus tard suppléent avantageusement les plateaux. Dans les terrains qui offrent une grande déclivité le plateau se dédouble et devient gradin : ce mode exige des soins tout particuliers.

Lorsque le sol est tellement abrupte que le gradin devient impossible, on peut boiser à l'aide de pins sylvestres espacés à 2 mètres en tout sens. On se procurera ces pins chez James père et fils, pépiniéristes à Ussy, près Falaise, qui les rendront à Amiens au prix de 12 fr. le mille. On peut les planter directement ; mais il est préférable de les remettre au moins pendant un an en pépinière. Lorsque la plantation au plateau est bien reprise, on la garnit très-avantageusement de pins sylvestres ; ils s'y développent bien et sans nuire aucunement au taillis.

Je suis loin de prétendre que le boisement des mauvaises terres soit une opération lucrative ; mais je crois qu'elle est une nécessité pour toute personne ayant dans sa propriété une certaine quantité de mauvaises terres. L'entretien des domaines ruraux nécessite la création d'une pépinière ; si on la rend un peu plus spacieuse, elle fournira chaque année son contingent aux plantations forestières qui pourront ainsi se faire sûrement et économiquement. Ces travaux occupent agréablement pendant l'hiver et si celui qui les crée n'en jouit pas par lui-même, il lègue à ses enfants une terre améliorée qui bientôt donnera du produit.

Frais d'acquisition.

Si nous avons énuméré les diverses considérations auxquelles il faudrait s'arrêter lors de l'acquisition d'une propriété, ce n'est pas pour bercer l'acquéreur d'un vain espoir de rencontrer une terre sans inconvénients (*rara avis*), mais pour qu'averti à l'avance il pèse toutes choses afin que lorsque l'engouement du premier moment sera passé, il ne trouve pas très-graves une foule de petits obstacles qui ne l'auraient pas arrêté s'il les avait connus à l'avance.

Lorsque vous avez tout examiné et que la propriété est en rapport avec la somme dont vous pouvez disposer, vous vous rendez acquéreur aux conditions arrêtées ; mais au prix principal vous devrez ajouter un dixième pour les frais de contrat et de transcription; peut-être serez-vous obligé de recourir à la purge légale. Si vous achetez à la criée, vous payez à raison de l'adjudication, serait-elle le double ou moitié de la valeur ; mais si vous achetez à la main, déclarez la valeur réelle; car si vous aviez fait une bonne affaire, vous seriez passible du double droit, même en déclarant le prix intégral de l'acquisition : c'est là le commencement des droits qui grèvent la propriété.

Elle supporte en outre les impôts directs et indirects, car toutes les denrées que la culture conduit à la ville sont frappées par l'octroi à leur entrée. Par fois encore de nombreuses contestations s'élèvent soit sur le fond par l'insuffisance du bornage et l'irrégularité des titres, soit sur la jouissance entre le propriétaire et les fermiers, sur la fumure, l'entretien des bâtiments d'exploitation, les clôtures, etc. Des procès naissent souvent entre vendeurs et acheteurs pour les graines, les animaux, ce qui concerne les troupeaux, l'irrigation, les ventes de bois, d'autrefois, entre le maître et les moissonneurs, batteurs et autres.

Ces questions réclameraient des tribunaux spéciaux.

Le commerce a depuis longtemps sa juridiction particu-

lière qui connaît de ses mille contestations et presque toujours les termine sans frais. Chacun sait combien cette
utile mesure a contribué au succès de l'industrie.

Peut-on mettre en doute qu'un tribunal, composé d'agriculteurs forcés de renoncer à la vie active, ne rendît également de grands services à la propriété rurale ? En présence d'hommes initiés à tous les détails de l'agriculture,
verrait-on se produire ces scandaleuses sorties de bail
aujourd'hui sûres de l'impunité ? je ne le pense pas. Rien
n'empêcherait alors d'imiter ce qui se passe dans un pays
voisin qui nous devance si complétement pour tout ce qui
regarde l'agriculture.

En Angleterre, les baux sont annuels à cause des élec-
tions ; mais, au fond, ils ont une durée indéfinie. Lors de
l'entrée en jouissance un inventaire minutieux est fait de
l'état de fertilité où se trouvent les terres, et pareil inventaire est fait à la sortie ; si la terre est appauvrie, il y a lieu
à une indemnité au profit du propriétaire qui, de son côté,
doit compte au fermier de toutes les améliorations que la
terre a reçues pendant sa gestion. Cette clause si juste,
mais d'une application difficile, a plus contribué au progrès
de l'agriculture que tous les comices et concours. Le fermier anglais, sûr de recouvrer toutes ses avances, agit en
bon propriétaire et ne craint pas de confier au sol toutes
ses économies. Il en est qui ont drainé, irrigué, créé des
chemins, etc. En France, les fermiers qui agiraient de même
exposeraient fortement leurs capitaux et risqueraient de se
voir évincés par des voisins jaloux qui profiteraient de leurs
avances. Les tribunaux spéciaux apporteraient-ils à tout cela
un remède absolu ? ce serait trop se flatter ; mais, au moins,
ne pourrait-on pas dénier leur compétence en ces affaires.

En faisant tous mes efforts pour réhabiliter la propriété, peut-être n'aurai-je réussi qu'à faire connaître ses charges. Pouvais-je demander des remèdes à ses souffrances sans les dévoiler? On compte beaucoup trop sur l'attachement du propriétaire *terrien* pour le sol ; on sait qu'il se laisse peu séduire par le luxe effréné des détenteurs d'actions industrielles. Les cultivateurs préfèrent se vouer à une existence sévère plutôt que d'échanger leurs propriétés ; toutefois, il ne faut pas abuser de leur longanimité ; le Gouvernement aime la province, car il sait y trouver son plus ferme appui contre l'esprit remuant des grandes agglomérations. Il ne suffit pas d'avoir de bonnes intentions, il faudrait tâcher de les réaliser.

DEUXIÈME PARTIE.

Insuffisance des titres de propriété et classement de l'arrondissement d'Amiens.

Nous avons déjà signalé l'insuffisance des titres de propriété. Nous allons revenir sur ce sujet important qui nous servira de transition à la sous-répartition.

La propriété change fréquemment de mains; il semblerait devoir résulter de là des titres de propriété pour l'avenir. Il en serait ainsi si les notaires prenaient soin de vérifier l'exactitude des déclarations plus ou moins fautives qui leur sont faites. Ils devraient être astreints sous des peines sévères à relater tous les actes antérieurs; loin de là, ils enregistrent ces fausses déclarations; il en résulte que les titres grossissent sans cesse et que la contenance totale des particuliers est bien supérieure à celle qui existe en réalité. De là le discrédit où sont tombés les titres individuels. Les aveux seigneuriaux, malheureusement très-rares, sont, de tous, les meilleurs. Les redevances étant payées sur ces déclarations, on n'était pas intéressé à les grossir; les anciennes matrices sont aussi très-précieuses à consulter. Il y a des titres anciens qui ont également une grande valeur; mais la plupart manquent de précision.

En un mot, il reste si peu de bons titres que le Crédit foncier qui avait voulu pour ses prêts en exiger de réguliers, fut obligé d'y renoncer.

Les procès en arpentage et bornage sont fréquents aujourd'hui, et les nouveaux acquéreurs, désireux d'obtenir tout ce qu'on leur a vendu, y contribuent pour une grande part. Ces sortes d'affaires où les titres sont en jeu, devraient ressortir du tribunal de 1re instance; mais les frais de cette juridiction sont tellement élevés que, d'un commun accord, on préfère accepter la médiation de MM. les juges de paix. Chacun apporte ses titres ou ce qui en tient lieu ; c'est là qu'on peut juger du savoir faire de certains individus ; pour eux, chaque mutation est l'occasion d'un nouvel accroissement, et, sur ce point, acheteurs et vendeurs s'entendent comme larrons en foire. Mais les juges de paix, experts en titres frelatés, les reconnaissent aisément et cherchent à les ramener à leur plus simple expression. On forme un cantonnement de ce qui peut présenter un tout homogène, on mesure avec soin le terrain emparqué et on partage la contenance trouvée entre les intéressés au prorata des titres. Cette mesure est aussi bonne que possible ; mais, tandis qu'elle fixe à toujours une partie du terroir, le reste sera peut-être l'objet de plusieurs autres actions judiciaires, et souvent ce qui manque dans une partie se trouverait dans une autre.

Le cadastre seul, par une mesure d'ensemble, pourrait régulariser la position de la commune entière. Les arpentages judiciaires, bien que conduits économiquement, coûtent encore 25 à 30 fr. à l'hectare ; c'est plus que ne coûterait l'opération tout entière. Par suite de ces affaires, les contenances sont changées, les fermiers et propriétaires récla-

ment leurs fumures, leurs labours, leurs récoltes, une indemnité de fermage ; enfin tout est changé, sauf l'impôt qui
reste tel qu'il a été établi, jusqu'à ce que le cadastre et
par suite les évaluations soient renouvelés dans la commune.

Cadastre.

Ce travail si important était appelé à remplir une grande
lacune. Après la rentrée des Bourbons, le Gouvernement,
justement préoccupé de faire rendre à l'impôt tout ce dont
il était susceptible, proposa aux Chambres le cadastre,
c'est à dire, l'arpentage général de toutes les communes.

Cette opération, en faisant le récolement des propriétés,
appelait au paiement de l'impôt toutes celles qui s'y
étaient soustraites jusque-là et donnait une complète sa-
tisfaction à l'Etat. Beaucoup de bons esprits pensèrent
alors qu'on pourrait en profiter pour rendre à la propriété
un signalé service, en appelant les possesseurs du sol à
fournir leurs titres et à les régler judiciairement. Malheureusement cette opinion ne prévalut pas, on la combattit à
cause des lenteurs et des difficultés qu'elle devait entrai-
ner ; on craignit aussi l'agitation que pourrait amener
cette mesure, alors que les biens nationaux étaient à peine
fixés aux mains de ceux qui les avaient acquis. Le cadastre
fut à cette époque fort mal accueilli dans les campagnes
et on chercha à entraver, par tous les moyens possibles,
les opérations des arpenteurs : aussi ce travail rigoureusement exact pour l'ensemble est-il complétement fautif

entre particuliers et, s'il peut servir comme renseignement, il est insuffisant comme titre.

Un cadastre judiciaire soulèverait encore aujourd'hui quelques objections ; il ne rencontrerait pas néanmoins les mêmes obstacles qu'alors et ne serait pas envisagé comme une mesure fiscale. Les nombreuses communes dont les classements matriciels sont à refondre, l'accueilleraient comme un bienfait ; ce serait une opération définitive qui créerait à la propriété des titres incontestables et viderait d'un seul coup les contestations si fréquentes aujourd'hui.

Enfin, si l'on pouvait ajouter une diminution des droits de transmission, on serait certain de voir les ventes reprendre toute l'élasticité désirable.

Beaucoup de personnes, tout en approuvant en principe le cadastre judiciaire, le regardent comme impossible dans son exécution : il suffit, pour anéantir cette objection, d'examiner celui qui a été fait en 1861 pour la ville d'Amiens. Tous les notaires prennent ce cadastre pour guide dans leurs transactions. Que lui manque-t-il donc pour être judiciaire ?

Nous citerons encore comme exemple l'importante commune de Bougainville où cette opération s'exécute en ce moment avec le plus grand succès.

Le cadastre judiciaire est donc possible, d'autant plus que les Chambres, en décrétant cette mesure, fixeraient certainement des règles particulières pour en faciliter l'exécution.

Reste la question de dépense. Le cadastre a coûté un prix énorme ; les communes qui le font faire partiellement ont un rabais considérable. C'est une raison pour faire cette opération de telle façon qu'elle dure au moins un siècle. Le prix de l'action judiciaire dépendrait complétement de la forme adoptée. Les fonctions de la Commission seraient exercées gratuitement ou avec rétribution suivant le système qui prévaudrait.

Classements matriciels.

Lorsque le cadastre fut terminé dans toutes les communes, on s'occupa des classements matriciels : pour cette opération on formait, sous la présidence du contrôleur, une Commission composée du Maire, des répartiteurs de la commune et de deux répartiteurs étrangers. Cette Commission parcourait le terroir et le divisait en classes plus ou moins nombreuses. Ce travail si simple et si facile à des gens connaissant parfaitement les localités a été totalement manqué, la lutte entre les intérêts rivaux fut poussée à ses dernières limites, et la justice entièrement méconnue. Quelquefois le propriétaire principal abusant de son influence ménageait sa propriété ; mais plus souvent la grande propriété mal défendue succombait sous l'entente du nombre. Les bois en sont un mémorable exemple ; la plupart des répartiteurs se faisaient la part belle et la classe changeait invariablement à l'approche de leurs terres : aussi un contrôleur très-expert en ces matières se faisait fort, par l'inspection d'un classement, d'en reconnaître les auteurs. Si nous ne nous étions fait une loi de rester dans les généralités, nous analyserions le travail de certaines communes pour prouver jusqu'à quel point on a poussé l'absurdité en fait de classement. Plusieurs autres raisons

ont encore contribué à vicier le travail : nous citerons la
configuration inégale des terroirs. Au lieu de s'étendre régulièrement autour des villages, il en est qui vont jusqu'aux haies des communes voisines et parfois même les
dépassent. Les terres sont possédées naturellement par les
habitants le plus à portée : aussi la commune qui les classe
les met invariablement au-dessus de leur valeur et leur
fait supporter la plus grande partie de ses impôts ; c'est
également à leurs dépens qu'elle construit ses écoles et
qu'elle fait ses embellissements.

La seconde raison provient de l'énorme changement que
la culture a apporté depuis 50 ans dans l'évaluation des
terres. Tandis que quelques-unes ont perdu dans l'estime
publique, il en est un grand nombre d'autres réputées
mauvaises qui sont les meilleures aujourd'hui ; on s'en
convaincra facilement en remontant au siècle précédent.
J'ai sous les yeux un travail de location fait en 1790 :
l'échelle des prix de cette époque n'est nullement en rapport
avec celle d'aujourd'hui.

Chaque commune classant isolément le faisait suivant
son inspiration ; ainsi deux communes voisines, complète-
ment d'égales en force et en contenance, portaient, l'une un
tiers à la 1re classe, l'autre un dixième. Une autre parta-
geait son terroir en quatre parties égales répondant aux
quatre points cardinaux, bien que la nature du terrain se
prêtât très-peu à cette division. Je ne veux pas abuser de
la patience du lecteur en continuant à dévoiler toutes ces
irrégularités ; mais il est pénible de penser que cet état de
choses se prolongera jusqu'au renouvellement du cadastre,
l'administration ne permettant pas que l'un se fasse sans
l'autre !

Après avoir opéré le classement, la Commission attribuait un prix à chacune des classes ; toute latitude lui avait été laissée à cet égard : aussi ces prix sont-ils tout à fait dérisoires. Loin d'accuser la valeur réelle, ils la dissimulent. Mais, dira-t-on, quel était le rôle du contrôleur en présence de la Commission ? celui d'un homme de cabinet voyant de la terre pour la première fois, cherchant à concilier les parties et à les ramener à l'équité, mais réussissant rarement à la faire prévaloir.

En 1824, le cadastre étant terminé partout, on résolut de régulariser les évaluations entre les communes et l'on en réunit, aux chefs-lieux de canton, les délégués sous la présidence d'un contrôleur expérimenté.

Après des discussions souvent fort vives on adopta un prix moyen représentant la force graduée de chaque commune ; mais, comme on laissait subsister les évaluations primitives, on appliqua à chacune d'elles ce prix moyen à l'aide du marc le franc qui s'élève d'autant plus que la commune s'est abaissée.

C'est une invention malheureuse et qui contribue beaucoup à embrouiller les classements : pour l'éviter il aurait fallu les remanier tous, ce qui n'était guère au pouvoir des assemblées. Après le travail des terres on fit celui des maisons ordinaires, des usines et des maisons hors classe : ce dernier subsiste encore aujourd'hui. Quoiqu'il en soit, le travail de 1824 fait par des hommes connaissant le terrain est irréprochable comme gradation entre les communes ; mais il pèche naturellement pour ce qui regarde les cantons entr'eux. Ce travail n'a pas longtemps subsisté dans son ensemble ; un grand nombre de changements y ont été apportés par suite de réclamations particulières, soit par le Conseil

d'arrondissement, soit par l'administration. La plupart de
de ces changements furent malheureux et il en sera toujours
ainsi ; car en diminuant certaines communes on reporte leurs
contributions sur la généralité ; ce n'est rien pour les communes ménagées, mais celles qui sont forcées se plaignent à
leur tour.

Un travail d'ensemble eût été bien préférable ; c'était l'o-
pinion du conseil d'arrondissement qui, fatigué des nombreuses réclamations dont il était assiégé, préféra les y ajourner. M. Masson, alors Préfet de la Somme, partageant cette
conviction, décida que la sous-répartition de l'arrondissement d'Amiens serait entreprise immédiatement.

Le Directeur des contributions directes rassembla par les
soins des contrôleurs tous les baux qu'il fut possible de se
procurer et prépara au moyen de leur dépouillement un prix
moyen à attribuer à chaque commune. M. le Préfet convo-
qua successivement à Amiens les délégués des communes de
chaque canton et désigna pour les présider un membre du
Conseil général. Le directeur soumit à ces assemblées les
prix résultant des baux et les admit à en faire la ventilation.

Cette manière de procéder, la seule admise par l'administration, est beaucoup plus compliquée qu'elle ne le semble.

En effet, les baux diffèrent considérablement entr'eux; il
y a ceux qui ont été faits en gros, ceux en détail, à la
criée, à la main, ceux faits paternellement ou par les
hommes d'affaires qui ont réussi à tirer la quintessence
de la terre; enfin, il faut considérer l'époque où ils ont été
passés, etc. Ce genre de classement fut peu goûté par les assemblées.

Pour pouvoir invoquer les baux il faudrait qu'ils fussent
ramenés à leur valeur et pour cela relever ceux en petit

nombre qui ne l'atteignent pas et abaisser ceux que la concurrence ou tout autre motif ont surélevés. On doit s'assurer ensuite s'ils représentent les premières ou les dernières classes, et, si on le peut, trouver la valeur moyenne de la commune. D'un autre côté si les classements de la commune sont fautifs, on n'a plus rien de certain. Enfin, sur les nombreux objets à classer, la terre seule et les maisons de ville offrent la ressource des baux. Pour les prés, les marais, les bois, on n'en a pas; on peut juger par là dans quelles difficultés on est jeté lorsqu'on prend les baux pour critérium de classement : aussi les assemblées, se confiant à leur connaissance intime du sol, adoptèrent sous le nom de *revenus territoriaux* un prix moyen en rapport avec la force graduée des diverses communes. On a essayé de jeter une grande défaveur sur ces assemblées. Il est vrai que le classement par les baux a amené beaucoup d'animation dans ces réunions; les collisions entre les vallées et les hauts pays étaient inévitables ; mais j'ai assisté à quatre de ces réunions, et je dois déclarer que la plupart des membres connaissaient admirablement leurs cantons et souvent les cantons limitrophes. La preuve s'en trouve dans l'excellent travail qui est sorti de ces assemblées et qui a servi de guide dans bien des circonstances : avant de se séparer les assemblées élurent un délégué chargé de coordonner les travaux particuliers et un suppléant pour le remplacer au besoin.

Ces délégués furent pour Amiens ·

MM. de Saveuse, maire de Saveuse ;

Baron de Latapie, maire de Cagny, suppléé par M. Cornet d'Hunval, maire d'Argœuves, conseiller d'arrondissement ;

Gaffet, ancien percepteur, trésorier du comice ;

Mancel, ancien adjoint au maire d'Amiens ;

Deneufgermain, percepteur à Quevauvillers, pour le canton de Conty ;

Cauet, maire d'Heilly, conseiller d'arrondissement, suppléé par M. Delambre, pour le canton de Corbie ;

Danzel, maire d'Aumont, conseiller d'arrondissement, pour Hornoy ;

Bourdeaux, juge-de-paix, conseiller d'arrondissement, pour Molliens-Vidame ;

Comte de Calonne, maire d'Avesnes, pour le canton d'Oisemont ;

Cornet d'Yseux, maire d'Yseux, pour celui de Picquigny ;

Mehaye, maire de Poix, conseiller général, remplacé par M. Trépagne, pour le canton de Poix ;

Salmon, maire de St-Fuscien, ancien avoué, pour Sains ;

Poujol de Molliens, ancien contrôleur, suppléé par M. Rigault, notaire à Querrieux, pour Villers-Bocage.

Cette commission, désireuse de remplir consciencieusement son mandat, se réunit spontanément à Amiens sous la présidence de M. Mehaye. On résolut de visiter en corps successivement tous les cantons afin qu'à la connaissance intime que chacun avait de son rayon, on joignît celle des communes qu'on était appelé à classer. Ces périgrinations souvent pénibles s'accomplirent suivant le programme arrêté et par les soins de chacun des délégués.

On mit en comparaison les différents types de chacune des classes, et l'on interrogea toutes les personnes susceptibles de donner des renseignements utiles. En parcourant les terres on évoquait leur classement et on releva ainsi les nombreuses erreurs des classements matriciels. Cette découverte sans cesse confirmée fut un cruel désapointement pour les délégués! comment s'appuyer sur une base aussi fautive? c'était bâtir sur le sable. Attendre que les classements fussent renouvelés c'était impossible, car l'administration n'admettait un nouveau travail qu'en refaisant le cadastre. On fut obligé de prendre un moyen terme, c'est-à-dire de refaire artificiellement le classement de chaque commune afin de lui appliquer un taux moyen aussi exact que possible.

Après avoir fait la visite des cantons ruraux, il s'agissait de faire la même opération pour les 4 cantons de la ville d'Amiens. L'administration déclara que le cadastre d'Amiens le plus ancien de tous était très-défectueux et qu'il était impossible de comprendre la ville et les 4 cantons dans le travail général de la sous-répartition. Cette déclaration jeta la commission dans une très-grande perplexité ; car attendre que le cadastre fût renouvelé c'était ajourner à plusieurs années un travail vivement attendu. Classer sans la ville c'était toucher deux fois au classement et agiter sans utilité les populations. La question mise en délibération fut chaudement débattue ; mais enfin la majorité se prononça pour l'ajournement et le cadastre d'Amiens fut immédiatement entrepris. Le travail ne put être repris qu'en 1860. L'administration pendant cet intervalle avait vu renouveler entièrement son personnel. Ne voulant pas arriver désarmée devant la Commission des délégués, elle chargea M. Lavigne, qui avait succédé au regrettable M. Durouzier, de faire un nouveau travail. M. Lavigne parcourut rapidement les communes et en rapporta des chiffres qui renversaient les données admises en 1824 ainsi que les documents fournis par les assemblées cantonales et par suite les calculs de M. Durouzier.

Ce travail, en outre exécuté avec des idées préconçues e

une trop grande célérité, renfermait de nombreuses erreurs de fait. Je n'en citerai qu'une relative à la commune de Villers-Campsart, du canton d'Hornoy. Cette commune, placée la septième par l'assemblée cantonale et par M. Durouzier, est mise la première par M. Lavigne avec le chiffre de 81 fr. Elle se trouve ainsi presque sur la même ligne que Marcelcave et Morvillers-St-Saturnin, 8 fr. de plus que Fluy qui lui est supérieur, et 17 fr. de plus que Vignacourt, qui est à peu près de même valeur.

Ce travail soulevait en outre l'importante question de la ville d'Amiens, la plus délicate et la moins facile à juger par des délégués ruraux.

La ville d'Amiens a pris depuis 40 ans un développement très-considérable ; sa population s'est augmentée d'un tiers et la construction des maisons a suivi la même proportion : il semblait dès lors naturel que la part d'impôt eût grandi également dans la même proportion ; mais, par suite de l'ingénieux mécanisme de la loi du 17 août 1835 ainsi conçue : « Les nouvelles constructions sont cotisées en dehors du contingent communal, de manière que l'augmentation de la matière imposable profite au Trésor ; réciproquement, lorsque des propriétés bâties sont démolies, la part d'impôt foncier qui était afférente à leur revenu est déduite du contingent communal ; » les constructions nouvelles ont profité à l'Etat, tandis que la contribution afférente aux maisons est venue se fondre dans le contingent primitif.

La ville d'Amiens, à l'exemple de beaucoup d'autres, se trouvant trop à l'étroit dans sa vieille enceinte, délaisse les lieux qui furent son berceau et cherche l'air et l'espace. Bientôt une nouvelle cité s'élève au-delà des boulevards. Henriville, Guérinville surgissent comme par enchante-

ment ; de splendides demeures remplacent les riches mois-
sons, et tout cela au profit de l'Etat qui s'empare aussitôt
de cette matière imposable et grossit d'autant le contingent
primitif.

Pendant ce temps la vieille ville se déclasse ; les rentiers
l'avaient délaissée pour les hauts quartiers. Bientôt le commerce lui-même l'abandonne et cette ancienne partie
passe presque à l'état de faubourg ; sa part d'impôt,
restée la même, devient trop forte ; il est de toute justice
de la réduire ; à quel chiffre devrait monter cette réduction ?

M. Mancel, l'intrépide défenseur de la ville, propose le
chiffre de 60,000 fr.; l'administration estime cette décharge
à 30,000 et la justifie par de nombreux documents. Ce
chiffre est admis par la Commission ; mais il lui paraît injuste de faire peser cette réduction sur les cantons ruraux.
L'Etat, qui gagne tant aux constructions nouvelles, devrait,
ce semble, supporter cette réduction : la loi s'y oppose.
Amiens est la capitale. Cette charge, au lieu d'incomber
à l'arrondissement seul devrait être répartie sur le Département entier. Oui, sans doute ; mais seulement au moyen
de la sous-répartition entre les arrondissements, car nul
doute que notre pays ne trouve sa décharge lorsqu'on le mettra
en parallèle avec les autres arrondissements. En attendant
que ce travail ardemment réclamé et solennellement pro-
mis s'exécute, la sous-répartition déjà si difficile l'était encore plus par la nécessité de répartir cette surcharge. Il
semblait naturel de la faire supporter par tous les cantons.
M. Lavigne, au contraire, l'attribuait exclusivement aux
cantons d'Hornoy, Picquigny et Sains. Ce plan, sinon très-
juste, du moins très-habile, réussit auprès de la Commis-

sion dont il favorisait dix membres sur treize; le même succès l'attendait auprès du Conseil d'arrondissement.

Cet honorable corps examina très-attentivement ce travail; porté au Conseil général, il fut frappé des énormités
qu'il renfermait, des réclamations nombreuses qu'il susci-
terait et le renvoya au Conseil d'arrondissement qui chargea deux de ses membres de le réviser entièrement Cette
œuvre laborieuse, suivie sans interruption pendant une
année, fut de nouveau soumise au Conseil d'arrondissement
qui l'adopta telle qu'elle était présentée, et le recouvre-
ment de 1862 s'opéra d'après ce travail. Le peu de réclamations qui se sont élevées depuis cette époque prouvent en
sa faveur Loin de prétendre que cette œuvre est parfaite
(*Errare humanum est*), nous reconnaissons qu'en fait de
classement ce qui était juste hier ne le sera peut-être plus
demain ; car une route, un chemin de fer changent subi-
tement les localités. Du moins nous pouvons affirmer que
chaque article a été révisé avec le plus grand soin et la
plus complète impartialité. Nous nous sommes imposé
(mon regretté beau-frère et moi) de nombreuses visites et
nous avons mis à profit les lumières de tous les hommes
compétents, en suivant le classement dans tous ses articles,
nous avons fait des découvertes importantes. Ainsi à l'article porté sous le titre de terre sans nom, tandis que la
plupart des communes n'avaient que des friches ou landes
et rideaux, il en était d'autres qui avaient des vergers, des
jardins et des terrains de grande valeur n'étant point
comptés pour la contribution. Une commune a vu ajouter ainsi plus d'un quart à son contingent. Le classement des sol bâtis laissait aussi beaucoup à désirer; suivant la règle adoptée ils étaient portés uniformément à la

première classe de la commune; or, cette manière commode de classer est quelquefois juste ; mais elle souffre de nombreuses exceptions. Il peut arriver qu'une commune importante soit placée sur un sol médiocre et qu'il n'y ait aucun rapport entre le sol bâti et la première classe. Ce mode était surtout très-défectueux relativement à la ville d'Amiens dont le sol bâti était inférieur à celui de petites communes rurales.

Les maisons, elles aussi, étaient souvent mal classées. L'administration n'ayant apporté aucune proposition à cet égard, la Commission ne s'était occupée que des communes principales. Les commissaires n'ont pu se livrer à un travail complet à ce sujet ; ils se sont bornés à faire disparaitre les plus choquantes inégalités. Du reste, cette contribution peut être révisée tous les ans et sans renouvellement du cadastre. Les usines ont été laissées de côté faute de renseignements précis.

Les maisons hors classe n'ont subi aucun changement. Nous n'avons pas cru devoir toucher à une chose assez délicate de sa nature et qui revêt un caractère tout personnel. Ce travail, tout à fait en dehors de la sous-répartition, mériterait d'être refait sur une nouvelle base ; car autrefois on prenait beaucoup plus en considération l'aisance du propriétaire que la valeur locative de l'habitation. On procèderait aujourd'hui tout différemment, et il y a des cantons bien plus favorisés que les autres sous ce rapport.

Le travail de la sous-répartition, pour se conserver aussi près que possible de la vérité, exigerait une sollicitude constante. Les réclamations fondées doivent être appuyées sur la comparaison entre la commune qui réclame et les communes similaires ; car en fait de classement tout est comparaison. L'administration instruit les réclamations avec le plus grand soin et le Conseil d'arrondissement s'empresse de rendre justice à qui de droit.

Nous allons extraire du travail de la sous-répartition quelques aperçus généraux :

Les valeurs soumises à l'impôt dans l'arrondissement s'élèvent à 14,843,022 fr. qui paient en principal 984,386 francs, le 15e environ.

Ces valeurs se décomposent en propriété bâtie comprenant les maisons ordinaires, les maisons hors classe et les usines, moulins, etc.

La propriété non bâtie comprend les terres labourables, les prés, les marais, les bois, le sol bâti, les jardins et vergers, les sols sans nom, composés des friches, cours d'eau, rideaux, places publiques, ravins, etc.

L'arrondissement d'Amiens comprend :

49,217	Maisons ordinaires. Revenu moyen.	4,405,751
234	Maisons hors classe	87,223
763	Usines.	530,811
50,214	Total de la propriété bâtie.	5,023,785

La propriété non bâtie comprend :

140,014	hectares de terre labourable . . .	584,840
4,686	— de prés.	335,387
2,875	— de marais.	161,936
17,311	— de bois.	603,317
1,601	— de sol bâti	195,678
5,507	— de jardins et vergers . .	873,466

10,995 hectares de sol sans nom, . . . 65,967

175,835	Total non bâti. .	9,820,191
	Propriété bâtie. .	5,023,785
	Total général . . .	14,843,032

Cette somme se répartit de la manière suivante :

Amiens ville.

11,500 Maisons donnant un revenu moyen de 3,090,640
483 Usines. 287,500

11,683	Total. . .	3,378,140
3642 hectares de Terres labourables . .	298,388
123 — de prés.	11,400
231 — de marais.	13,124
3 — de bois	148
106 — de sol bâti	61,749
300 — de jardins et vergers. . .	130,391
168 — de sol sans nom	24,042
4,658 hectares. Total. . .	525,972

Total général du revenu moyen. . . . 3,914,132
donnant pour l'impôt 259,585

Amiens rural.

3,022 Maisons ordinaires. 74,735
14 Maisons hors classe 4,910
207 Usines 9,802

| 3,243 | Total. . . | 89,447 |

6,976 hectares de terre labourable. . .   286,062
316 — de prés.   23,447
293 — de marais.   19,277
283 — de bois   10,964
81 -- de sol bâti   8,490
140 — de jardins et vergers . .   59,029
447 — de sol sans nom. . . .   5,584

8,285 hectares.   Total. . .   501,089

Total du revenu moyen.   590,536
donnant pour l'impôt.   33,235

Conty.

3,744 Maisons ordinaires   122,738
19 Maisons hors classe.   6,470
55 Usines.   33,709

3,818   Total. . .   162,917

15,673 hectares de terre labourable. . .   753,209
691 — de prés.   97,198
327 — de marais   19,394
2,587 — de bois   89,963
124 — de sol bâti.   12,217
479 — de jardins et vergers. . .   48,170
787 — de sol sans nom   1,341

20,078 hectares.   Total. . .   981,291

Total général du revenu moyen. . . .   1,144,208
donnant pour l'impôt   75,885

Corbie.

5,334	Maisons ordinaires.	221,441
37	Maisons hors classe.	14,268
96	Usines.	58,232
5,467	Total. . .	293,941
13,926	hectares de terre labourable . . .	791,866
693	— de prés	36,554
626	— de marais	33,397
1,210	— de bois	50,467
164	— de sol bâti.	16,308
397	— de jardins et vergers . .	61,885
917	— de sol sans nom	6,026
17,364	hectares. Total. . .	996,483
	Total général du revenu moyen. . .	1,290,424
	donnant pour l'impôt	85,580

Hornoy.

3,358	Maisons ordinaires	99,398
15	Maisons hors classe.	6,710
41	Usines.	12,380
3,594	Total. . .	118,488
11,387	hectares de terre labourable . . .	632,973
90	— de prés	11,798
64	— de marais ou pâtis . . .	5,010

1,968 hectares de bois		73,699
138 — de sol bâti		14,109
858 — de jardins et vergers . .		106,955
1,285 — de sol sans nom		2,407

14,789 hectares.	Total. . .	844,846
Total général du revenu moyen. . . .		963,334
donnant pour l'impôt.		63,868

Molliens Vidame.

4,248 Maisons ordinaires		166,912
27 Maisons hors classe		11,370
83 Usines.		17,363

4,398	Total. . .	196,045

17,845 hectares de terre		869,440
208 — de prés		18,365
49 — de marais		3,057
2,384 — de bois.		79,364
172 — de sol bâti.		14,632
426 — de jardins ou vergers . .		60,087
1,262 — de sol sans nom		4,685

21,749 hectares.	Total. . .	1,049,630
Total général du revenu moyen. . . .		1,245,675
donnant pour l'impôt		82,613

Oisemont.

2,976 Maisons ordinaires		94,532

21	Maisons hors classe.	7,200
48	Usines	15,525

3,045		Total. . .	117,257
11,027	hectares de terre.	755,038
270	— de prés	33,398
112	— de marais	6,539
1,409	— de bois	50,558
148	— de sol bâti	13,365
874	— de jardins et vergers . . .	116,798
1,273	— de sol sans nom	1,737

14,093	hectares.	Total. . .	977,433
	Total général du revenu moyen	1,094,690
	donnant pour l'impôt.	72,600

Piequigny.

4,729	Maisons ordinaires	197,829
35	Maisons hors classe.	11,390
77	Usines	30,472

4,841		Total. . .	199,591
15,555	hectares de terre labourable . . .	672,372
1,054	— de prés	48,208
636	— de marais	29,160
2,079	— de bois	72,076
140	— de sol bâti	13,428
388	— de jardins et vergers. . .	44,942
1,050	— de sol sans nom	9,129

20,377	hectares.	Total. . .	889,315
	Total général du revenu moyen	1,088,906
	donnant pour l'impôt	72,206

4

Poix.

3,342	Maisons ordinaires	106,716
27	Maisons hors classe.	6,755
49	Usines.	16,508
3,418	Total. . .	129,979
15,895	hectares de terre labourable . . .	906,291
228	— de prés . . . : . .	25,245
85	— de marais	5,583
1,891	— de bois	68,536
183	— de sol bâti	17,323
900	— de jardins et vergers. . .	135,118
1,646	— de sol sans nom	4,453
19,745	hectares. Total. . .	1,162,549
	Total général du revenu moyen	1,292,528
	donnant pour l'impôt	85,720

Sains.

3,717	Maisons ordinaires	136,823
22	Maisons hors classe	8,800
50	Usines.	34,232
3,789	Total. . .	179,755
13,829	hectares de terre labourable . . .	706,945
796	— de prés	93,396
318	— de marais	18,676
2,221	— de bois	63,792

116 hectares de	sol bâti.	10,400
224 —	de jardins et vergers. . .	42,602
796 —	de sol sans nom	7,934

17,941 hectares.	Total. . .	906,245

Total général du revenu moyen 1,086,000
donnant pour l'impôt 72,023

Villers Bocage.

4,267	Maisons ordinaires	134,487
17	Maisons hors classe	9,350
57	Usines.	14,788

4,341	Total. . .	158,625

14,383	hectares de terre labourable . . .	911,227
212 —	de prés	16,418
130 —	de marais	10,319
1,276 —	de bois	43,796
136 —	de sol bâti.	13,667
426 —	de jardins et vergers . .	64,929
198 —	de sol sans nom	3,629

16,755 hectares.	Total. . .	1,063,565

Total général du revenu moyen 1,222,190
donnant pour l'impôt 81,055

La ville d'Amiens qui payait en 1824 . .	225,979
au moment du travail, en 1861.	290,676
a été ramenée, pour 1862, à	259,285

Diminution. . .	31,090

Le canton de Corbie a été diminué de . .   64

Celui de Molliens-Vidame de   721

C'est une diminution totale de . .   31,876

Cette somme a été supportée par les autres cantons dans les proportions suivantes :

		pour 1,000
Le canton de Sains	6,462 fr. ou	0098
La banlieue d'Amiens. . . .	6,427 ou	0107
Le canton de Picquigny. . .	5,942 ou	0090
de Villers-Bocage. .	5,722 ou	0076
d'Hornoy	2,815 ou	0046
de Conty	2,689 ou	0240
d'Oisemont . . .	1,524 ou	0022
de Poix	235 ou	0003
Total. . .	31,814	

Si on décompose le contingent et qu'on laisse de côté la ville d'Amiens, on trouve que c'est le canton de :

Corbie qui a le plus de maisons   5,334

Oisemont qui en a le moins   2,976

Corbie qui a le plus de maisons hors classe. .   37

Hornoy qui en a le moins   15

Amiens (rural) qui a le plus d'usines . . .   207

Hornoy qui en a le moins   41

                                           hect.

Molliens-Vidame qui a le plus de terre labourable   17,845

Oisemont qui en a le moins   11,027

Picquigny qui a le plus de prés   1,055

Hornoy qui en a le moins   90

Picquigny qui a le plus de marais   636

Hornoy qui en a le moins   64

Conty qui a le plus de bois.   2,587

Corbie qui en a le moins   1,210

Poix qui a le plus de sol bâti.   183

Sains qui en a le moins   116

Poix qui a le plus de jardins et vergers. . .   900

Sains qui en a le moins   224

Poix qui a le plus de sol sans nom   1645

Amiens (banlieue) qui en a le moins. . . .   447

Les cantons se présentent dans l'ordre suivant :

	en 1824	en 1861	en 1862
1 Amiens. . . .	225,979	270,585	259,585
2 Corbie. . . .	84,367	85,495	85,720
3 Molliens . . .	83,123	81,872	85,580
4 Poix. . . .	78,789	79,311	82,613
5 Villers-Bocage. .	75,710	75,332	81,055
6 Conty	72,162	73,384	75,883
7 Oisemont . . .	71,569	71,076	72,600
8 Picquigny . . .	65,560	66,261	72,206
9 Sains	65,416	65,561	72,023
10 Hornoy	60,287	61,073	63,888
11 Amiens (rural) .	26,345	26,804	33,233

On remarquera que le canton de Corbie qui occupait la 2e place en 1824, était descendu à la 4e en 1861 ; il a été reporté à la 3e en 1862.

Le canton de Molliens qui avait la 3e place en 1824 et en 1861, est descendu à la 4e en 1862. Si on avait adopté les propositions de M. Lavigne, il serait descendu à la 5e.

Les cantons de Villers-Bocage, de Conty, d'Oisemont, de

de Picquigny, de Sains et d'Hornoy, conservent chacun leur place ; par le travail de M. Lavigne, l'ordre pour les six cantons eût été complétement interverti, et le canton rural d'Amiens qui est au même taux que l'avait mis son assemblée cantonale, eût été ramené malgré ses immenses progrès au-dessous de 1824.

Pour démontrer combien le travail actuel se rapproche de celui des assemblées cantonales, nous citerons seulement la ville et la banlieue d'Amiens.

	1824	Ass. C.	Class. act.	Diff.
Amiens (ville)	225,776	255,660	259,585	+ 3,925
Poulainville .	3,177	3,350	3,261	— 89
Allonville. . .	3,272	3,710	3,581	— 129
Camon	5,577	5,734	5,977	+ 243
Rivery	2,557	3,090	2,943	— 147
Longueau. . .	1,418	2,004	2,127	+ 123
Cagny	1,678	2,240	2,159	— 81
Pont-de-Metz .	5,060	3,809	5,714	— 95
Saveuse. . . .	1,204	1,407	1,319	— 88
Dreuil	1,224	1,571	1,658	+ 87
Argœuves . .	2,559	3,257	3,247	— 10
St Sauveur. .	2,629	3,280	3,247	— 33
	26,545	33,469	33,233	— 236

Les cantons se trouvent dans l'ordre suivant pour chaque nature de propriétés :

Maisons ordinaires.

1 Amiens, ville 268
2 Corbie 41
3 Molliens 59

4	Amiens, rural		37
5	Sains		36
6	Picquigny		33
7	Conty		33
8	Poix		32
9	Oisemont		31
10	Villers-Bocage		31
11	Hornoy		30

Maisons hors classe.

1	Villers-Bocage,	17	mais. moy. . . .	550
2	Hornoy,	15	—	445
3	Molliens-Vidame,	27	—	420
4	Sains,	22	—	400
5	Corbie,	37	—	395
6	Amiens, rural,	14	—	350
7	Oisemont,	21	—	343
8	Conty,	19	—	340
9	Poix,	27	—	240
10	Amiens, ville,	00	—	000

Usines.

1	Amiens, ville,	183	M.	1598
2	Sains,	50	—	683
3	Conty,	55	—	615
4	Corbie,	96	—	608
5	Picquigny,	77	—	406
6	Poix,	49	—	338
7	Oisemont,	48	—	320

8	Hornoy,	41	—	.	.	.	.	305
9	Villers-Bocage,	57	—	.	.	.	.	252
10	Molliens-Vidame,	83	—	.	.	.	.	215
11	Amiens, rural,	207	—	.	.	.	.	47

Bois.

1	Amiens, ville	. . . .	50
2	Corbie	. . . .	42
3	Amiens, rural	. . . .	38
4	Molliens	. . . .	38
5	Hornoy	. . . .	37
6	Poix	. . . .	37
7	Oisemont	. . . .	36
8	Conty	. . . .	55
9	Picquigny	. . . .	35
10	Villers-Bocage	. . . .	33
11	Sains	. . . .	28

Sol bâti.

1	Amiens, ville	. . . .	562
2	Hornoy	. . . .	108
3	Amiens, rural	. . . .	105
4	Corbie	. . . .	100
5	Villers-Bocage	. . . .	100
6	Conty	. . . .	98
7	Picquigny	. . . .	95
8	Sains	. . . .	95
9	Oisemont	. . . .	90
10	Poix	. . . .	90
11	Molliens-Vidame	. . . .	85

Jardins et vergers.

1	Amiens, ville	177
2	Sains	80
3	Villers-Bocage	50
4	Picquigny	44
5	Corbie	42
6	Oisemont	39
7	Molliens-Vidame	38
8	Hornoy	36
9	Poix	30
10	Conty	27

Terres labourables.

1	Amiens, ville	84
2	Villers-Bocage	63
3	Oisemont	62
4	Corbie	57
5	Poix	57
6	Hornoy	54
7	Sains	50
8	Conty	48
9	Molliens-Vidame	48
10	Picquigny	43
11	Amiens, rural	41

Prés.

1	Hornoy, M.	130
2	Oisemont	124

3	Poix	115
4	Amiens, ville	115
5	Molliens-Vidame	188
6	Conty.	82
7	Sains.	78
8	Villers-Bocage	78
9	Amiens, rural	74
10	Corbie	55
11	Picquigny	45

Marais.

1	Villers-Bocage	80
2	Amiens, rural	66
3	Poix	65
4	Molliens–Vidame	63
5	Conty	59
6	Oisemont	58
7	Sains	58
8	Amiens, ville	58
9	Corbie	55
10	Hornoy	46
11	Picquigny	46

Nous allons donner dans le tableau suivant l'ordre de forces des communes pour les terres :

90 fr. — 1. Fresnes-Tilloloy, *Oisemont*.

88. — 2. Morvillers-St-Saturnin, *Poix*. — 3. Villers-Bocage.

86. — 4. Lignières-hors - Foucaucourt, *Oisemont*. —

5. La Neuville-au-bois, *Oisemont*. — 6. Montonvillers, *Villers-Bocage*. — 7. Oisemont. — 8. Forceville, *Oisemont*.

85. — 9. Lignières-Châtelain, *Poix*.

84. — 10. Amiens, ville.

82. — 11 Rubempré, *Villers-Bocage*. — 12. Saint-Maulvis, *Oisemont*. — 13. Rainneville, *Villers-Bocage*. — 14. Fourcigny, *Poix*.

81. — 15. Pierregot, *Villers-Bocage*. — 16. Villeroy, *Oisemont*.

80. — 17. Andainville, *Oisemont*. — 18. Franvillers, *Corbie*.

79. — 19. Gauville, *Poix*. -- 20. Neuville-hors-Foucaucourt, *Oisemont*. — 21. Marcelcave, *Corbie*.

77. — 22. Mirvaux, *Villers-Bocage*.

75. — 23. Fluy, *Molliens-Vidame*. — 24. Lamotte-en-Santerre, *Corbie*. — 25. Bernapré, *Oisemont*. — 26. Aumâtre, *Oisemont*. — 27. Fresnesville, *Oisemont*.

74. — 28. Fontaine-le-Sec, *Oisemont*. — 29. Oresmaux, *Conty*. — 30. Frettecuisse, *Oisemont*. — 31. Dury, *Sains*. — 32. St-Sauflieu, *Sains*.

72. — 33. Quevauvillers, *Molliens-Vidame*. — 34. Essertaux, *Conty*. — 35. Revelles, *Molliens-Vidame*. — 36. Monflières, *Oisemont*. — 57. Cachy, *Sains*. — 38. Marlers, *Poix*. — 39. Flesselles, *Villers-Bocage*.

70. 40. Caulières, *Poix*. — 41. Warfusée-Abancourt, *Corbie*.

42. — Offigny, *Poix*. — 43. Montmarquet, *Hornoy*. — 44. Mesnil-Eudin, *Oisemont*.

69. — 45. Contay, *Villers-Bocage*. — 46. Montigny, *Villers-Bocage*.

68. — 47. Croixrault, *Poix*. — 48. Hornoy. — 49.

Meigneux , *Poix*. — 50. Thieulloy-l'Abbaye , *Hornoy·*

67. — 51. Molliens au-Bois , *Villers-Bocage*. — 52. Fréchencourt, *Villers-Bocage*.

66. — 53. Pissy, *Molliens-Vidame*. — 54. Hénancourt, *Corbie*. — 55. Lamaronde, *Poix*. — 56. Beaucamps-le Jeune, *Hornoy*. — 57. Gentelles, *Sains*. — 58. Camps-en-Amiénois, *Molliens- idame*.

65. — 59. Bettembos, *Poix*. — 60. Lafresnoye, *Oisemont*. — 61. Epaumesnil, *Oisemont*.

64. — 62. La Houssoye, *Corbie*.

63. — 63. Baizieux, *Corbie*. — 64. Sentelie, *Conty*. — 65. Bresle, *Corbie*. — 66. Seux, *Molliens-Vidame*.

62. — 67. Villers-Campsart, *Hornoy*. — 68. Corbie. — 69. Bougainville, *Molliens-Vidame*. — 70 Heilly, *Corbie*.

61. — 71. Vergies, *Oisemont*.—72. Boisrault, *Hornoy*.

60. — 73. Vraignes, *Hornoy*. — 74. Namps-au-Mont, *Conty*. — 75 Vignacourt, *Picquigny*. — 76. Villers-Bretonneux, *Corbie*. — 77. Equennes-sur-Poix, *Poix*. — 78. Arguel, *Hornoy*. — 79. Estrées, *Sains*. — 80. Beaucamps-le-Vieux, *Hornoy*. — 81 Bavelincourt, *Villers-Bocage*. — 82. Orival, *Hornoy*. — 83. Beaucourt, *Villers-Bocage*. — 84. Tronchois, *Hornoy*.

59. — 85. Inval-Boiron, *Oisemont*. — 86. Tilloy-lès-Conty, *Conty*.

58. — 87. Bricquemesnil, *Molliens-Vidame*.—88. Vecquemont, *Corbie*. — 89. Vadencourt, *Villers-Bocage*. — 90. Cannessières, *Oisemont*.

57. — 91. Senarpont, *Oisemont*. — 92. Ribemont, *Corbie*. — 93. St-Gratien, *Villers-Bocage*. — 94. Courcelles-s-Moyencourt, *Poix*.

56. — 95. Laleu, *Molliens-Vidame*. — 96. Warloy-

Baillon, *Corbie*. — 97. Cardonnette, *Villers-Bocage*. — 98. Béhencourt, *Villers-Bocage*.

55. — 99. Lœuilly, *Conty*. — 100. Longueau, *Amiens*. — 101. Eplessier, *Poix*. — 102. Bonnay, *Corbie*. — 103. Querrieux, *Villers-Bocage*

54. — 104. Fresnoy-au-Val, *Molliens-Vidame*. — 105. Le Hamel, *Corbie*. — 106. Flixecourt, *Picquigny*. — 107. St-Germain-sur-Bresle, *Hornoy*. — 108. Fricamps, *Poix*. 109. — Laboissière, *Hornoy*.

53. — 110. Bussy-sous-Poix.

52. — 111. Moyencourt, *Poix*. — 112. Bosquel, *Conty*. 113. — Poix, *Poix*. — 114. Liomer, *Hornoy* — 115. Thieuloy-la-Ville, *Poix*. — 116. Bettencourt-St-Ouen, *Picquigny*. — 117. Grattepanche, *Sains*. — 118. Fourdrinoy, *Picquigny*.

51. — 119. Nampty-Coppegueule, *Conty*. — 120. Belleuse, *Conty*. — 121. Guibermesnil, *Hornoy*.

50. — 122. Cagny, *Amiens*. — 123. Daours, *Corbie*. — 124. Conty, *Conty*. — 125. Fouilloy, *Corbie*. — 126. Bovelles, *Molliens-Vidame*. — 127. Vaux-sous-Corbie, *Corbie*. 128. Guignemicourt, *Molliens-Vidame*. — 129. Aumont, *Hornoy*. — 150. St-Aubin-Rivière, *Oisemont*. — 131. Brocourt, *Hornoy*. — 132. Le Mazis, *Oisemont*. — 133. Le Quesne, *Hornoy*. — 134. Neuville-Coppegueule, *Oisemont*. — 135. Sains, *Sains*.

49. — 136. Condé-Folie, *Picquigny*. — 137. Brassy, *Conty*. — 138. Vers-Hébecourt, *Sains*. — 139. Velennes, *Conty*. — 140. Hamelet, *Corbie*.

48. — 141. Cavillon, *Picquigny*. — 142. Pont-de-Metz, *Amiens rural*. — 143. St-Romain, *Poix*. — 144. Thoix, *Conty*. — 145. Selincourt, *Hornoy*.

47. — 146. Souplicourt, *Poix*. — 147. Airaines, *Molliens-Vidame*.

46. — 148. Frettemolle, *Poix*.— 149. Rivery, *Amiens*. — 150. Hescamps-S.-Clair, *Poix*.— 151. Dromesnil, *Hornoy*. — 152. Ste-Segrée, *Poix*. — 153. Métigny, *Molliens-Vidame*. — 154. Bovel, *Sains*. — 155. Avesnes-Chaussoy, *Oisemont*. — 156. Fouencamps, *Sains*. — 157. Heucourt-Croquoison, *Oisemont*. — 158. Woirel, *Oisemont*.

45. — 159. Clairy-Saulchoix, *Molliens-Vidame*.— 160. Allonville, *Amiens rural*. — 161. Montagne-Fayelle, *Molliens-Vidame*. — 162. Dreuil-lès-Amiens, *Amiens*. — 163. Thésy-Glimont, *Sains*. — 164. Plachy-Guyon, *Conty*. — 165. Nesle-l'Hôpital, *Oisemont*.

44. — 166. Famechon, *Poix*.— 167. Vaire-sous-Corbie, *Corbie*. — 168. Lachapelle-s.-Poix, *Poix*. — 169. Saisseval, *Molliens-Vidame*. — 170. Pont-Noyelle, *Villers-Bocage*. — 171. L'Etoile, *Picquigny*.

43. — 172. Saint-Fuscien, *Sains*. — 173. Frémontiers, *Conty*. — 174. Saleux-Salouel, *Sains*. — 175. St-Aubin-Montenoy, *Molliens-Vidame*. — 176. Molliens-Vidame ,

42. — 177. Ailly-sur-Somme, *Picquigny*.— 178. Contre, *Conty*. — 179. Breilly, *Picquigny*. — 180. Fleury, *Conty*. — 181. Blangy-s.-Poix, *Poix*. — 182. Aubigny, *Corbie*. — 183. Glisy, *Sains*. — 184. Neslette, *Oisemont*.

41. — 185. Bettencourt-Rivière, *Molliens-Vidame*.

40. — 186. Hailles, *Sains*. — 187. Namps-au-Val, *Conty*. — 188. Bertangles, *Villers-Bocage*. — 189. Floxicourt, *Molliens-Vidame*. — 190. Vaux-en-Amiénois, *Villers-Bocage*. — 191. Hangest-sur-Somme, *Picquigny*. — 192. Agnières, *Poix*.

39. — 193. Belloy-sur-Somme, *Picquigny*. — 194. Avelesge, *Molliens-Vidame*.

38. — 195. La Chaussée-Tirancourt, *Picquigny*. — 196. Camon, *Amiens*. — 197. Guizancourt, *Poix*. — 198. St-Léger-le-Pauvre, *Oisemont*. — 199. Blangy-Tronville, *Sains*. — 200. Saveuse, *Amiens*. — 201. Rumaisnil, *Conty*.

37. — 202. Argœuves, *Amiens*. — 204. Gouy-l'Hôpital, *Hornoy*. — 205. Saveuse, *Amiens*. - · 206. Guémicourt, *Hornoy*. — 207. St-Vaast-en-Chaussée, *Villers-Bocage*. — 208. Lincheux-Hallivillers, *Hornoy*. — 209. Méricourt, *Hornoy*.

36. — 210. Saulchoix-sous-Poix, *Poix*. — 211. Poulainville, *Amiens rural*. - - 212. Dommartin, *Sains*. — 213. Tailly, *Molliens-Vidame*. — 214. Etrejust, *Oisemont*.

35. — 215. Ferrières, *Picquigny*. — 216. Bacouel, *Conty*. — 217. Ville St-Ouen, *Picquigny*. — 218. Bergicourt, *Poix*.

34. — 219. Le Quesnoy, *Molliens-Vidame*. — 220. Neuville-lès-Lœuilly, *Conty*. — 221. Guyencourt, *Sains*. — 222. Prouzel, *Conty*.

33. — 223. Warlus, *Molliens-Vidame*.

32 — 224. Bourdon, *Picquigny*. — 225. Monsures, *Conty*. — 226. Remiencourt, *Sains*. — 227. Bussy-lès-Daours, *Corbie*. — 228. Riencourt, *Molliens-Vidame*.

31. — 229. Oissy, *Molliens-Vidame*. — 230. Wailly, *Conty*.

30. — 231. Belloy-St.-Léonard, *Hornoy*. — 232. Fossemanant, *Conty* — 233. Yseux, *Picquigny*. — 234. Taisnil, *Conty*. — 235. Éramecourt, *Poix*. — 236. Lamotte-Brebière, *Corbie*.

29. — 237. Dreuil-lès-Amiens, *Amiens rural.*

28. — 238. Courcelles-sous-Thoix, Conty. — 239. Picquigny, — 240. St-Pierre-à-Gouy, *Picquigny.*

27. — 241. Creuse, *Molliens-Vidame.*

24. — 242. Méréaucourt, *Poix.*

21. — 243. Soues, *Picquigny.* — 244. Le Mesge, *Picquigny.*

TROISIÈME PARTIE.

Application de la sous-répartition aux classements.

Nous avons fait voir combien les classements matriciels avaient rendu difficile le travail de la sous-répartition ; il nous reste à montrer combien ils nuisent à son application.

Rarement les changements apportés à une commune résultent de la surélévation de la totalité , ils proviennent presque toujours d'une partie seule. Tantôt ce sont des landes qui ont fourni de bonnes cultures , tantôt un défrichement de bois, etc. ; mais comme le rehaussement s'applique à la totalité, tout est relevé indistinctement, tandis que la charge ne devrait atteindre qu'une seule portion. Ainsi, un grand centre de population avait avant le travail un contingent annuel de 1,769 fr. pour un revenu de 13,636 fr. qui se décomposait ainsi :

	Revenu.		Contingent.	
Terres. . . .	4,866 fr. 24	—	631 fr. 15	
Bois.	3,663 62	—	475 09	
Cultures diverses	3,595 90	—	466 12	
Maisons. . . .	1,513 00	—	196 64	
Total . . .	13,656 76	—	1,769 fr. 00	

5

La sous-répartition a donné à cette commune une augmentation de 53/000 pour l'ensemble, ainsi répartie :

Terres	777	40
Bois.	472	92
Cultures diverses . .	700	47
Maisons.	735	72
Total. . .	2,686	51

L'augmentation était de 23/000 sur les terres, 0 sur les bois, 50/000 sur les cultures diverses et 285/000 sur les maisons ; mais par suite de l'égale répartition sur la totalité, les bois qui n'avaient pas changé supportent une augmentation de 53/000 et les maisons profitent d'une atténuation de 232/000. Il en est ainsi dans un grand nombre de communes.

L'une des plus augmentée a vu porter son contingent de 1877 fr. à 5,563 fr., c'est-à-dire près de 100/000 par suite d'un défrichement de 232 hectares de bois très peu imposés jusque-là et qui a fourni des terres magnifiques louées 100 fr. l'hectare. Toutes les propriétés de la commune ont été doublées et le défrichement a été faiblement atteint. Lors du cadastre la plupart des communes de la vallée de Somme ne s'occupaient que des terres de fond dites de chanvrières. C'était pour elles qu'étaient réservés tous les engrais et toutes les prédilections; la culture des petites terres était complétement négligée. Le classement intervenu alors reflète cet état de choses. Aujourd'hui il y un revirement complet. La culture du chanvre dans les hauts pays a fait tomber celle de la vallée ; les petites terres donnant des prairies artificielles sont en faveur, elles ont gagné tout ce que les terres de fond ont perdu ; les contingents nouveaux ont été formés en conséquence, mais appliqués aux classements anciens ils consacrent une suprême injustice. Celui qui a une propriété importante peut gagner d'un côté ce qu'il perd de l'autre, mais celui qui n'a qu'une seule nature de propriété peut être chargé ou exonéré mal à propos.

Le sol des vallées tend toujours à s'exhausser, il en résulte que des prairies, autrefois irriguées et classées comme telles, se voient déshéritées de l'eau qui doublait leur valeur: elles sont converties en terres arables ; mais elles continueront à payer 20 ou 25 fr. à l'hectare jusqu'à ce qu'un nouveau classement intervienne. D'autre part les bois payant 4 ou 5 fr. à l'hectare, quand ils ne rapportent que 30 ou 40 fr., ne paient pas plus quand étant défrichés ils se louent 100 à 120 fr. La loi voulant favoriser les défrichements a permis au bois de conserver pendant 30 ans leur ancien impôt ; mais s'il n'y a que 29 ans lors du classement, la tolérance peut s'étendre à 70 ans. Elle accorde également l'exemption d'impôt aux reboisements; peu de personnes en profitent.

La même anomalie se présente pour les prés à tourber. Tantôt un sol riche en tourbes est converti en eau et continue à payer comme par le passé. Tantôt un terrain autrefois en eau se remplit à la longue par les alluvions ou par les recomblements et, devenu très-bonne prairie, il n'est pas plus imposé que par le passé ou pour mieux dire ne l'est pas du tout. Il en est de même des prairies communales converties en hortillonnage et dont la valeur a presque doublé. Convient-il de s'emparer de toutes les améliorations pour les assujettir immédiatement à l'impôt ? et la loi qui accorde aux nouvelles constructions deux années

entières, pourrait bien accorder un certain délai aux changements utiles, suivant l'époque où tombe le classement.
Telle propriété paie aussitôt son amélioration tandis que
telle autre jouit d'une immunité plus ou moins longue.

Dois-je rappeler les nombreux et brusques changements
qu'apportent dans les classements le passage d'un chemin
de fer, l'établissement d'une usine, etc. ? Eh bien ! n'est-il
pas étonnant que ce ne soit que 30 ou 40 ans après que
l'on songe à appliquer ces divers changements ! L'opération
du cadastre est chose coûteuse, mais s'il était fait comme
celui d'Amiens il durerait un siècle ! Des personnes très-
compétentes pensent qu'en le tenant à jour il durerait in-
définiment ; rien n'empêcherait de renouveler tous les dix
ans les évaluations et de saisir ainsi sur le fait toutes les
variations que subit la propriété.

En renouvelant le cadastre il serait très-utile de procéder à l'abornement général des rues au lieu des alignements
partiels et souvent contradictoires donnés par l'administration. Chacun saurait ainsi ce qu'il aurait à perdre ou à
gagner sur la voie publique.

Les villages tendent à s'embellir; rien ne contribue plus
à réaliser ce progrès que des alignements réguliers. Nous
avons déjà dit que les circonscriptions territoriales laissaient
beaucoup à désirer ; le cadastre serait une excellente occasion de réformer les plus défectueuses.

Mode de classement.

Nous avons vu comment s'était effectué le classement
matriciel. Ce mode n'a pas été heureux, et, tout en admet-

tant qu'il réussirait mieux que par le passé, je crois qu'il serait indispensable d'y apporter quelque changement.

Le classement a deux intérêts à sauvegarder; l'intérêt particulier de la communauté qui veut que chaque parcelle soit placée dans la classe afférente à sa qualité et l'intérêt général qui demande que la division des classes soit en rapport avec celle des autres communes et surtout que le prix fixé soit celui qui lui appartient véritablement. Le maire et les répartiteurs sont en réalité ceux qui connaissent le mieux leurs terres, leur concours est indispensable ; mais il y a aussi à classer les bois, les maisons, les usines, les prés: le contrôleur ne suffit pas à cette tâche. Je crois qu'il faudrait adjoindre à ces éléments deux ou trois commissaires qui présideraient à tout le travail de l'arrondissement; ils montreraient aux délégués ruraux le nombre de classes adoptées dans les communes similaires et les prix qui leur ont été attribués. Ces membres bien choisis apporteraient dans les classements une garantie d'impartialité et de proportionnalité qui leur manque aujourd'hui. Ce premier travail simplifierait beaucoup la sous-répartition si même il ne la remplaçait pas tout-à-fait.

On voit de suite les avantages d'un classement régulier appliqué à toutes les communes et d'un prix réel donné à chaque classe. Ce travail servirait de guide à toutes les transactions, tandis qu'aujourd'hui on ne peut avoir que de fausses inductions. Mais ici vient se poser une question capitale. Pour faire une opération uniforme il faut adopter partout la même base de classement. Or, quelle sera cette base ? c'est ce que nous allons tâcher d'indiquer, car il ne suffit pas de critiquer un système et même de démontrer qu'il est mauvais, il faut en présenter un meilleur.

Autrefois pour classer on faisait une moyenne entre la valeur locative et la valeur vénale. Ainsi, en 1824, les contrôleurs avaient relevé toutes les ventes et tous les baux qu'ils avaient pu se procurer et ils s'en servaient pour établir la valeur de la commune. On a abandonné les prix de vente pour se servir exclusivement des baux; c'est un tort, car presque toujours le prix de vente est en raison inverse du prix de location et ils se mitigent l'un par l'autre : et puis la vente s'applique à tout, tandis que la location ne s'applique qu'aux terres et encore se restreint-elle tous les jours. Il faudrait fermer les yeux à l'évidence pour ne pas apercevoir la transformation que subit en ce moment la propriété ; les biens agglomérés disparaissent et s'éparpillent aux mains des petits cultivateurs et des ménagers; la terre tend à devenir la propriété de celui qui la cultive. On a beau crier contre le morcellement, c'est un fait accompli et qui rendra la location de plus en plus rare.

La location vaut-elle mieux que les ventes comme critérium de classements? Je ne saurais le croire; les baux sont trop variables pour qu'on puisse en faire la base d'un classement; ils sont souvent si peu en rapport avec la valeur des terres, que je défierais de classer une commune avec les baux en détail d'une propriété tout entière. Ceux qui ont assisté aux réunions de 1851 ont dû être parfaitement édifiés à cet égard. L'administration avait rassemblé un très-grand nombre de baux ; après les avoir ventilés, qu'est-il resté des locations? et en vertu de quel principe relevait-on ceux-ci et abaissait-on ceux-là? parce qu'on les trouvait supérieurs ou inférieurs à la valeur de la propriété.

Ce principe est donc supérieur aux locations puisqu'il les élève ou les abaisse à volonté? c'est qu'autrement les locations conduiraient à l'absurde, c'est-à-dire à mettre les meilleures communes les dernières et les plus mauvaises les premières. On loue plus cher à Heucourt qu'à Oisemont, à Méricourt qu'à Hornoy, à Lincheuxqu'à Montmarquet, etc. C'est, je crois, la commune de Bougainville où la location est la plus élevée ; faudrait-il mettre cette industrieuse commune avant Franvillers, Villers-Bocage ou Morvillers-Saint-Saturnin? Le bon sens se révolte à cette proposition, et nous pensons avoir convaincu les personnes sans préventions. Mais on se retranche dans une dernière objection. La loi, dit-on, prescrit de classer par les revenus ; la loi est très-juste et nous ne voulons pas l'enfreindre ; mais, par revenu, au lieu d'entendre la location, nous entendons tout ce qui *revient* de la propriété, ce qu'elle produit, soit après des frais de culture, soit spontanément, comme les bois, les prés : par votre interprétation vous êtes arrrêtés à chaque pas, la nôtre s'applique à tout.

Il résulte de ces réflexions que le prix de vente et le prix de location sont impuissants comme base de classements ; ils ne peuvent figurer que dans les accessoires qui viennent apporter au classificateur un utile contingent. C'est ce qui a fait rechercher un critérium de classement tout à la fois plus général et moins variable. Ce mode, c'est la fertilité naturelle et intrinsèque du sol, autrement dit, *la productivité.*

Pour la terre, c'est la manière dont elle rémunère les soins d'une culture ordinaire. Pour les prés, les herbages, c'est l'abondance et la qualité de l'herbe. Pour les bois, c'est la croissance annuelle du bien forestier. Pour les landes et friches, c'est leur constitution géologique qui indiquera le parti à en tirer pour la culture ou le boisement.

La chimie a fait de tels progrès qu'il semble que bientôt elle suffirait à classer les terres. En attendant, l'habitude de s'occuper des propriétés suffit pour donner cette connaissance. Voyez un paysan qui ne sait ni lire ni écrire, il connaît *par cœur* toutes les parcelles de sa commune et il les classera de mémoire sans hésitation. Vous, qui êtes étranger, vous mettriez sur la même ligne deux champs d'égale apparence ; mais lui sait que si le nombre de gerbes est égal, le rendement au battage sera très-différent et encore plus au pesage. Peut-être attribuerez-vous cette différence à la culture ; mais lui, immuable dans son opinion, il vous dira : « quelle que soit la culture, l'avantage restera toujours à cette partie, » et un examen attentif vous démontrera la sûreté de son jugement. C'est ainsi que dans le pays de Bray on ne dit pas un herbage de telle contenance, mais nourrissant tant de têtes de bétail : et on le prise en conséquence. Qu'importe au fond la quantité de terrain si ici on peut nourrir trois têtes à l'hectare, tandis que plus loin 2 hectares pourront à peine en herbager autant. C'est la productivité du sol qui donne la véritable valeur, et non le bail plus ou moins heureux qui est intervenu.

La fertilité naturelle étant prise pour base, il est parfois difficile de la reconnaître au milieu des soins plus ou moins intelligents apportés à la culture ; mais il y a toujours des exceptions. Dans un pays très-avancé il y a toujours des retardataires, et dans les pays les plus arriérés il y a pourtant quelqu'un qui devance les autres. Cette distinction a une énorme importance, car il serait très-injuste de prendre les soins pour la fertilité et l'incurie pour la stérilité.

Soient donnés deux sols d'égale qualité appartenant, l'un

à une commune paresseuse et débauchée qui cultive plus les cafés et les billards que les terres, l'autre pauvre, mais âpre à la besogne, où l'on tire des terres tout le parti possible. Bien que les récoltes soient très-différentes, vous mettrez ces terres sur la même ligne ; car autrement vous donneriez une prime à la paresse au lieu de rémunérer l'industrie.

La propriété est bonne, médiocre, ou mauvaise par elle-même et non suivant les soins qui lui sont donnés; mais elle est plus ou moins susceptible d'être améliorée, ce qui forme encore des nuances intermédiaires.

Il est une remarque générale qui frappera tous les observateurs attentifs, c'est qu'en général les petites terres sont beaucoup mieux cultivées que les fortes. Plus le sol est ingrat, plus les cultivateurs déploient d'énergie pour vaincre les difficultés. Là tous les bras, toutes les intelligences convergent vers l'agriculture ; on achete la paille ou les récoltes des fortes communes, on élève des bestiaux, on convertit tout en engrais, pas un coin ne reste en friche, on ne laisse croître ni sanves ni chardons, les récoltes répondent à tant de soins et parfois valent plus que la terre qui les porte. Par contre, on voit des terroirs magnifiques où il n'y aurait qu'à se baisser pour recueillir ; les habitants sont indolents, ils vendent leurs gerbées et leurs fourrages et, en définitive, sont pauvres au sein de l'abondance.

Il est d'autres communes qui désertent l'agriculture pour se livrer à l'industrie; on a prétendu que l'une et l'autre pouvaient vivre en bonne intelligence ; j'aime à le croire, mais jusque-là j'ai pu constater que partout où l'industrie domine, l'agriculture a fort à souffrir, et les hommes habitués au tissage mécanique et à la vie sédentaire ont beaucoup de peine à se remettre aux pénibles travaux de la moisson.

C'est au milieu de ces diverses circonstances qu'on est heureux de rencontrer, pour classer, un principe comme celui de la *productivité* ; car, en face de toutes ces variations, ce qui paraît injuste un jour, sera juste le lendemain.

Si en classant vous rencontrez au milieu des terres médiocres un homme riche et ami du progrès qui, à l'aide de soins intelligents et d'engrais abondants, a élevé sa terre au niveau des plus fertiles, vous ne commettrez pas la faute de la classer au prix des meilleures; car à peine aurez-vous terminé le travail que la mort, enlevant peut-être cet homme généreux qui semait l'abondance sous ses pas, un fermier lui succède, et, si vous repassiez quelques années après, vous pourriez à peine reconnaître ces mêmes terres que vous aviez trouvées si florissantes !

Un des grands avantages de cette manière de classer, c'est que chaque nouvelle révision partant du même principe tendrait à amé'iorer le travail.

Autour de ce principe de la *productivité* se groupent tous les accessoires qui viennent en accroître ou diminuer la valeur : nous allons en faire une revue sommaire.

1° L'exposition des terres. La fertilité des terres dépend non-seulement de leur composition géologique, mais aussi de leur exposition; ainsi une pente presque insensible suffisant à l'écoulement des eaux est préférable à un sol entièrement plat. Une côte abrupte, fût-elle d'un excellent sol, offre d'énormes inconvénients. Elle fatigue les attelages et occasionne une très grande déperdition d'engrais.

2° La distance du village ou des chemins. L'éloignement trop grand des terres enlève une grande partie de leur valeur. Si on comptait rigoureusement les frais occasionnés par cet éloignement, il y aurait beaucoup à retrancher du profit net. Cependant lorsque les terres aboutissent à un bon chemin la distance est moins préjudiciable, car on peut y introduire les assolements désirés, tandis que les pièces enfermées sont obligées de subir les assolements d'autrui ou de payer le passage.

3° La facilité des débouchés. Cette considération qui existe pour la commune peut aussi s'appliquer plus spécialement à telle ou telle portion en particulier.

4° Les difficultés de la culture. Nous entendons par là la résistance opposée par un sol difficile, hieffeux, caillouteux, qui use les chevaux et les instruments. Peut-on mettre sur la même ligne Méréaucourt où la charrue chargée de 300 kil. et tirée par six forts chevaux ne remue que des cailloux, et une commune de plaine où deux chevaux légers se jouent en traçant un sillon de 30 centimètres de profondeur ? En admettant que les deux sols donnent une récolte égale, le prix de revient sera trois fois plus élevé d'un côté que de l'autre.

5° La vente et la location. Tout en refusant d'admettre la vente et la location comme base de classement, nous n'en sommes pas moins disposés à leur accorder une influence légitime. Ainsi un sol qu'on ne peut louer ni vendre doit être placé plus bas que celui qui se loue et se vend trèsfacilement.

Nous allons parcourir brièvement les divers objets à classer et nous montrerons comment le système de productivité s'applique à chaque nature de propriété.

Terres : Nous ne reviendrons pas sur les terres, la démonstration en est faite.

Bois : Le revenu des bois est très-difficile à apprécier, les goûts et les usages diffèrent d'un propriétaire à un autre. Les prix variant entre deux bois contigus, tout se réunit pour rendre la question presqu'insoluble : combien produit le bois dans son état actuel ? combien produirait-il s'il était autrement administré ? etc. Le système de *productivité* appliqué aux bois par M. Chevandier de Valdrôme s'y adapte admirablement. En effet, sans vous préoccuper de la manière d'exploiter, vous vous contentez d'apprécier la croissance *stérique* du bois et vous la mettez dans l'une des classes que vous avez formées à l'avance et auxquelles vous avez attribué un prix en rapport avec les autres propriétés. Cette manière simplifie toutes les difficultés, et elle est juste même en cas de défrichement.

. Prairies, marais . L'arrondissement d'Amiens renfermait au cadastre 172,082 hectares de prés et 62,545 hectares de marais. Tout en admettant une notable diminution de ces deux articles, on voit cependant quelle est leur importance. La location est presque toujours une exception, seule la *productivité* peut y recevoir son application.

Les vallées étroites sont très-fertiles ; mais la vallée de Somme, composée en grande partie de marais communaux, fait tâche au milieu du Département. Les plantations y sont maigres et rachitiques ; le sol bouleversé par les extractions de tourbes offre tantôt une entaille couverte de roseaux et tantôt un monticule brûlé par le soleil. On doit regretter que le législateur, arrêté par un scrupule regrettable, n'ait pas décrété l'expropriation pour cause d'incurie publique.

En regard de ce triste spectacle nous trouvons des vallées dont l'irrigation remonte aux temps les plus reculés. Cette œuvre admirable, où l'on reconnaît la main puissante de la féodalité, avait réparti équitablement les eaux entre les prairies et les usines. On a cherché dans ces derniers temps à infirmer ces usages séculaires ; mais le Conseil d'Etat a maintenu les anciens droits et l'œuvre des siècles sera respectée.

Les progrès des cultures, en généralisant l'usage des prairies artificielles, sont venus faire une guerre redoutable aux prairies naturelles. La valeur de ces terrains a sensiblement diminué ; mais l'impôt est resté le même.

Peut-on comparer à ces œuvres du temps passé les desséchements modernes dont plusieurs, celui de la vallée d'Authie, par exemple, ont enrichi les Compagnies aux dépens des populations ?

La vallée de Somme n'est pas dépourvue de toute amélioration ; elle rencontre de loin en loin des irrigations, des hortillonnages créés avec intelligence, des blanchisseries qui améliorent le sol en même temps qu'elles procurent un beau revenu. Je pense que l'on doit classer très-modérément ces utiles créations qui ont nécessité de nombreux capitaux.

Dans la vie ordinaire chacun se déclare ami du progrès; mais en fait de classement à peine le voit-on paraître qu'on voudrait faire main-basse dessus. On oublie trop qu'une conquête, pour être réelle, a besoin de la consécration du temps.

J'ai toujours cru qu'il fallait favoriser les travaux intelligents. Ainsi, appelé à estimer des plantations expropriées par le chemin de fer, j'ai pris pour base la croissance pour les arbres forestiers et le produit pour les arbres fruitiers. Vous forcez d'enlever un arbre qui ne poussait pas, vous ne devez rembourser que la valeur présente ; mais si vous supprimez des arbres pleins d'avenir ou produisant des fruits nombreux, payez une partie de cet avenir sacrifié à l'utilité publique.

Les prés à tourbes sont une des plus grandes difficultés du classement ; car tantôt vous classez comme pré ce fond tourbeux qui bientôt sera converti en eau, et tantôt vous classez comme eau un ancien tourbage que des soins vont ramener à la production.

Jardins.

Habituellement.les jardins confinent aux habitations et sont cultivés par les propriétaires eux-mêmes ; il existe aussi des terrains à portée des communes qui sont loués par petites parcelles comme hortillonnages. La concurrence fait monter très-haut ces locations. Elle indique plutôt leur rareté que leur qualité, les soins et les engrais jouent un rôle important dans ces sortes de terrains, la *productivité* leur est facilement applicable.

Vergers ou herbages : On appelle ainsi des terrains clos attenant aux jardins et consacrés au pâturage. Ces terrains, plantés d'arbres fruitiers et forestiers, diffèrent beaucoup entre eux. Le mode de jouissance, la tenue des plantations changent entièrement l'aspect et le produit. Les ménagers entassent les arbres sans ordre et chargent outre-mesure les herbages ; les riches propriétaires choisissent les arbres avec soin, les espacent largement et protégent leur enfance ; les enclos sont fumés ou parqués et les bestiaux, mis avec mesure, donnent un bon produit. Ce n'est point l'apparence qui doit guider, mais bien la qualité intrinsèque, d'autant plus que les baux sont très-rares en cette partie.

Sols bâtis : La contribution foncière s'applique aussi aux emplacements qui reçoivent les constructions, cour, arrière-cour dépendant de l'habitation. Cet impôt a une certaine importance, puisqu'il comprend 1,600 hectares donnant un revenu de 195,678 fr. Le sol n'est jamais mauvais dans le voisinage immédiat des habitations ; car il s'améliore promptement par la présence de l'homme et des animaux. La valeur du sol bâti tient beaucoup plus à la position qu'à sa qualité ; il est le même dans un impasse ou dans la rue la plus fréquentée et il diffère complétement de valeur. Les constructions ont une grande influence sur le sol bâti. Ici les baux sont fréquents ; mais il est très-difficile dans une location de faire la part des bâtiments et du sol *sous-jacent*.

Friches, rideaux : Le cadastre a porté cet article à 10,945 hectares. Ce chiffre peut sans peine subir une réduction de moitié ; les meilleurs ont été convertis en terres arables et beaucoup d'autres ont été boisés ; il en reste fort peu à utiliser. Cet article a peu d'importance ; mais il doit être classé sans le secours des baux qui manquent absolument.

Conclusion.

Nous avons, je crois, suffisamment montré la supériorité du classement par la *productivité* s'appliquant à toute espèce de propriété, sur le classement par les baux qui n'est applicable qu'à bien peu. Nous pouvons ajouter que ce système n'est pas nouveau, car il n'en a jamais existé d'autre dans les campagnes où la connaissance du rendement guide dans toutes les affaires. On s'en est servi chaque fois que les contribuables ruraux ont pris part à la répartition de l'impôt.

Il aurait enfin l'immense avantage de servir utilement la grande question de la péréquation de l'impôt ; car avec un Département bien classé on aurait une série de types qui serviraient de points de comparaison pour une grande partie de la France.

Plusieurs fois l'administration des contributions directes a été mise en demeure de préparer un travail d'ensemble, et jamais, bien qu'elle réunisse tant de lumières et de si grandes garanties d'impartialité, rien de satisfaisant n'est sorti de ses mains. Pourquoi ? c'est qu'elle part d'une fausse base, la location qui ne suffit pas pour mettre en parallèle les vignes du midi avec les riches cultures du nord, les herbages de la Normandie avec les bruyères et les landes. La *productivité* rendra bien plus aisément compte de la valeur et donnera une base d'appréciation facile pour toutes les espèces de propriété.

Est-ce à dire pour cela que l'administration devrait rester simple spectatrice d'un classement entrepris contre ses idées et ne pas apporter dans un travail de cette nature le contingent de ses lumières ? non certes, car parmi les hommes éminents qu'elle compte dans son sein, il en est que je pourrais citer qui connaissent parfaitement la propriété rurale et la classeraient facilement d'après nos idées. D'ailleurs ce qui est aujourd'hui une exception, demain pourrait devenir la règle. Les carrières sont tellement encombrées que si l'examen portait sur la propriété, les candidats se mettraient en mesure de répondre aux nouvelles questions.

M. le Ministre de l'Instruction publique mettant en honneur l'instruction professionnelle contribuera à faire marcher la France dans cette voie.

Y a-t-il une étude plus importante et plus négligée que celle de la propriété ? l'éducation du jeune homme doit-elle rester étrangère à tant d'intérêts qu'il sera bientôt appelé à régir ? A la sortie du collége où il est bourré de grec et de latin, on lui fait apprendre le droit qu'il ne saura pas appliquer, puis, en face des périls que court son inexpérience, on le fait entrer dans le mariage comme dans un port assuré. Le voilà chargé d'un double intérêt ; comment s'en tirera-t-il ? fort mal, le plus souvent ! Cette immense lacune doit être comblée ; l'agriculture et la gestion de la propriété devraient dorénavant être enseignées à tous ceux qui embrassent une carrière libérale.

Est-il une profession qui puisse rester étrangère à ces connaissances ? Dans la haute administration MM. les préfets sont souvent en contact avec les agriculteurs ; ils sont appelés à réglementer les engrais, le pâturage communal, etc. Ils président les chambres d'agriculture et plusieurs ont fait preuve de hautes connaissances agricoles.

Les représentants voient se dérouler devant eux les questions d'irrigation, de drainage, de sylviculture, etc. La brillante discussion sur la crise des céréales a prouvé que plusieurs connaissaient parfaitement ces questions et pourtant depuis longtemps le code rural frappe vainement à leur porte ! Les questions politiques ont bien plus de chance de passionner l'assemblée.

6

Les magistrats sont souvent appelés à s'occuper de questions agricoles ; la jouissance usufruitière, les prises d'eau, les questions d'enclaves, de chemins, etc., viennent souvent devant eux et par leurs études ils sont restés tout à fait étrangers à ces matières.

La justice poursuit avec rigueur de simples délits, et les maraudeurs de bois, les fournisseurs de plant volé meurent paisiblement dans leurs lits, comme d'honnêtes travailleurs, sans avoir eu à compter avec elle.

Les ingénieurs des ponts-et-chaussées sont presque toujours en contact avec les agriculteurs. Outre leurs travaux ordinaires, ils ont pour mission de fournir des plans de drainage, d'irrigation, de fixer le point d'eau des usines et surtout de préparer la mise en valeur des prairies communales.

L'enregistrement perçoit les droits de mutation et autres. Pour les établir, il a besoin de connaître exactement la valeur réelle des immeubles, autrement l'administration s'expose à réclamer mal à propos ou à laisser perdre ce qui revient à l'Etat.

Les notaires sont les conseillers habituels des gens de campagne ; ils interviennent dans presque toutes les transactions. Faute d'être initiés aux habitudes agricoles, ils rédigent leurs actes d'une manière ambiguë et laissent ainsi la porte ouverte aux contestations.

La profession des armes n'est pas non plus étrangère à l'agriculture. Au camp, le soldat se délasse en cultivant un jardin. En Algérie, souvent après les périls du combat, l'enfant de la France devient agriculteur. Ainsi dans le héros d'Isly on ne sait ce qu'on doit le plus admirer de ses victoires ou de ses travaux agricoles.

Les ecclésiastiques, les médecins vivent au milieu des agriculteurs ; ils peuvent, par leurs conseils, contribuer à les faire marcher dans la voie du progrès.

Les commerçants eux-mêmes font d'importantes affaires avec la campagne, ils achètent le lin et le chanvre du nord, le vin et l'eau-de-vie du midi, les laines, les grains, etc., il est très-important qu'ils sachent apprécier les récoltes afin de prévoir le cours des denrées. Au lieu de cette longue énumération bien incomplète, ne serait-il pas plus simple de dire : Y a-t-il quelqu'un qui puisse rester totalement étranger aux intérêts de la propriété ?

La France, semblable à un phare lumineux, projette au loin son brillant éclat ; on lui emprunte ses institutions, ses codes, son organisation militaire, son système décimal, etc., mais personne ne lui empruntera les inextricables complications de l'impôt foncier et son inégale répartition ! Aujourd'hui une sous-répartition est une très-grande affaire et on n'y procède qu'avec crainte et tremblement. Si le mécanisme était simplifié, on n'atttendrait pas qu'une injustice ait duré 30 ou 40 ans pour la faire disparaître.

La propriété est aujourd'hui pour nous l'arche sainte : unissons-nous tous pour la défendre et obtenir qu'elle soit déchargée dans la mesure du possible. Ce sera, j'espère, le meilleur fruit de l'enquête qui s'ouvre en ce moment et à laquelle nous devons travailler tous selon nos forces.

Puissé-je avoir contribué pour ma part à cet heureux résultat !

ENQUÊTE

LA SITUATION ET LES BESOINS

DE

L'AGRICULTURE

———~~✳~~———

RÉPONSES FAITES

PAR M. DANZEL D'AUMONT

MEMBRE DE LA CHAMBRE CONSULTATIVE D'AGRICULTURE,
DU CONSEIL D'ARRONDISSEMENT ET PRÉSIDENT DE LA STATISTIQUE,
DU CANTON D'HORNOY.

———~✥~———

QUESTIONS

I.

CONDITIONS GÉNÉRALES DE LA PRODUCTION AGRICOLE

---

§ 1ᵉʳ. État de la propriété territoriale.

*1. De quelle manière est divisée la propriété territoriale dans la
contrée sur laquelle porte l'enquête ?*

*Quelles sont les étendues de terrains qui, dans la contrée,
sont considérées comme constituant les grandes, les moyennes
et les petites propriétés ?*

*Quelles sont les proportions relatives de ces diverses natures
de propriétés ?*

La propriété territoriale est extrêmement divisée en Picardie, les bois seuls font exception ; mais à peine défrichés
ils se subdivisent entre de nombreux preneurs, propriétaires ou fermiers. Sont considérées comme grandes propriétés
celles de 50 à 60 hectares ; moyennes celles de 20 à 40
et petites celles de 15 et au-dessous. Il existe encore quelques terres d'un seul tenant ; mais comme elles sont louées
au détail, le bénéfice de l'agglomération n'existe pas en réalité.

2. Quelle influence les changements qui ont pu avoir lieu depuis les trente dernières années dans la division de la propriété ont-ils exercée sur les conditions de la production ?

Si d'un côté on est obligé de reconnaître les inconvénients du trop grand morcellement de la propriété qui rend la culture difficile et interdit l'emploi des instruments perfectionnés, on est forcé d'avouer qu'en appelant à la culture la classe si intéressante des ménagers on a beaucoup augmenté la production. Faisant presque tout par eux-mêmes, ils tirent un très-grand parti des terres et entretiennent un grand nombre d'animaux, car ils les nourrissent non-seulement du produit de leurs terres, mais de tout ce qu'ils recueillent au dehors et les soignent avec amour et intelligence.

3. En quelle proportion compte-t-on, parmi les ouvriers agricoles, ceux qui, propriétaires de lots de terre plus ou moins importants, travaillent alternativement pour eux et pour les autres ?

Cette proportion va tous les jours en décroissant, d'abord parce que la culture devient plus exigeante et ensuite parce que le tissage mécanique absorbe tous les bras disponibles.

§ 2. Mode d'exploitation.

4. Quels sont les divers modes d'exploitation du sol ? Dans quelles proportions existent la grande, la moyenne et la petite culture ?

En Picardie la grande majorité du sol est encore soumise

à l'assolement triennal. Dans les terres fortes les soles sont très-considérables et il n'est pas possible de faire autrement que ses voisins ; dans les petites terres il règne beaucoup plus de liberté et chacun sait son inspiration. Est-il vrai que l'assolement triennal mérite la réprobation dont on l'accable ? et que la suppression de la jachère ne puisse exister avec ce mode de culture ? qu'il nous suffise de dire que bien des exploitations soumises à ce système prospèrent tout en payant de très-hauts fermages. En 1862 il y avait dans le canton d'Hornoy 278 exploitations de 5 à 10 hectares, 167 de 10 à 30, et 17 au-dessus de ce nombre. Cette proportion est à peu près la même dans tout l'arrondissement.

5. *Les grands propriétaires, les propriétaires moyens et les petits propriétaires exploitent-ils généralement par eux-mêmes ou font-ils exploiter sous leurs yeux et à leur compte ?*

L'exploitation par un gérant est très-rare ; mais il ne manque pas de maîtres qui ne le sont qu'en apparence et qui laissent diriger leur exploitation par un maître, valet, jardinier, etc. On a vu des individus appelés dans des Commissions y paraître très-insuffisants ; c'est qu'il leur manquait cet oracle du foyer qui n'est pas même toujours du genre masculin.

6. *Quelle est, parmi les grands, moyens ou petits propriétaires, la proportion de ceux qui louent leurs terres à des fermiers ou les font cultiver par des métayers ?*

En Picardie presque tous les propriétaires résidant à la

campagne cultivent une partie de leur propriété et louent le reste au détail.

7. *Lorsque le régime du métayage existe, est-il d'usage qu'il y ait pour plusieurs domaines un fermier général servant d'intermédiaire entre les propriétaires et les métayers ?*

Le métayage est inconnu dans nos contrées.

§ 3. Transmission de la propriété.

8. *Quels sont, pour les différentes espèces de propriétés et pour les divers genres d'exploitation, les prix de vente des terres suivant leur qualité, les variations que ces prix ont pu subir depuis un certain temps en remontant à trente ans au moins, et les causes de ces variations ?*

Le prix de la propriété est excessivement variable et il n'est pas toujours en raison des qualités des terres, mais proportionnellement à la concurrence. Autrefois lorsque les placements en terre étaient en faveur, les prix ne descendaient jamais aussi bas; car les acquéreurs se portaient partout où ils trouvaient avantage. Dans l'impossibilité de combiner ces éléments si discordants, j'aime mieux m'appuyer sur les évaluations matricielles de 1853. A cette époque le revenu de l'arrondissement a été évalué au taux moyen de 55 fr. l'hectare, soit au denier 40 : 2,200 fr. l'hectare. Prenant ce chiffre pour base on aurait 2.800 fr. pour la première classe, 2,200 fr. pour la seconde et 1400 fr. pour la troisième. Le revenu matriciel de 1824 était d'environ 37 fr. soit première classe, 2,080 fr., deuxième classe, 1,480 fr. troisième classe, 880 fr., soit un tiers d'augmentation en 50 années. Il s'agit seulement des terres labourables ; les prés, jardins, bois et vergers sont mis à part.

Les causes de cette augmentation sont multiples ; mais elles résultent principalement 1° des progrès de la culture, 2° l'augmentation des fermages, 3° de la dépréciation de la valeur monétaire.

9. *Les domaines sont-ils ordinairement conservés dans une seule main au moyen d'arrangements de famille particuliers, ou sont-ils divisés entre les enfants ou les héritiers à la mort du chef de famille, ou enfin sont-ils habituellement vendus ? Quelles sont les conséquences produites dans l'un ou dans l'autre cas ?*

Les domaines sont généralement partagés entre les enfants ou héritiers du chef de famille, souvent même, chaque parcelle est divisée sous prétexte d'arriver à la justice absolue.

Lorsqu'à défaut d'entente, il y a nécessité de vendre l'héritage, on le fractionne à l'infini.

10. *Les ventes de terres ont-elles lieu plus particulièrement en bloc ou au détail ? Dans quelles proportions se pratiquent ces deux modes de vente ? Quelles sont les différences de prix suivant que l'un ou l'autre est employé ?*

La vente au détail est presque la seule usitée aujourd'hui ; il y a souvent une différence d'un quart entre le gros et le détail.

§ 4. Conditions de location de la propriété.

11. Quels sont les prix de location des terres suivant leurs diverses
qualités et dans les différents modes de constitution et d'ex-
ploitation de la propriété ? Quelles variations ces prix ont-
ils subies depuis trente ans au moins et quelles ont été les
causes de ces variations ?

Il en est de la location comme de la vente ; elle n'est possible à un taux élevé qu'au moyen du détail. D'après le revenu matriciel de 1855, on aurait les prix suivants :

En gros, 1re classe, 80 fr. ;—en détail, 1re classe, 100 fr.
   — 2e —   55   — 2e —   70
   — 5e —   30   — 3e —   40

J'ai des baux de 1770 qui ne sont que du tiers au plus de ces prix ; ainsi, en moins de cent années, le revenu serait augmenté des deux tiers.

Toutefois, la différence à cette époque entre le gros et le détail était peu sensible ; une autre remarque, c'est que l'ordre de force des terres n'était pas le même qu'aujourd'hui. Telles terres qui se louaient 3 ou 4 fr. alors sont dans les meilleures aujourd'hui.

12. Quelles sont les conditions des baux à ferme, leur durée habi-
tuelle, les obligations qu'ils imposent aux fermiers indépen-
damment du paiement des fermages, notamment sous le
rapport des redevances de toute espèce ? Quelles sont le plus
habituellement la nature et la valeur de ces redevances ?
Quelles modifications ont eu lieu dans les baux, sous ce der-
nier rapport particulièrement, depuis trente ans environ ?

Les baux sont presque tous de neuf années, rarement plus longs ; les redevances sont en argent et invariables, les corvées, les faisances qui venaient en supplément des baux tendent à disparaître ainsi que les restrictions relatives au chauffage, à la suppression des jachères, etc., ces clauses devenant inutiles faute de tribunaux spéciaux à l'agriculture.

13. Quels sont les divers modes de paiement du prix de location des terres par les fermiers ? Ce paiement se fait-il pour la totalité ou pour partie, soit en argent, soit en nature ? Pour le paiement en argent, le prix est-il fixé d'avance et reste-t-il invariable pendant toute la durée du bail, ou se règle-t-il d'après le cours des grains constaté par les mercuriales ? Pour le paiement en nature, quelles conditions spéciales sont imposées ?

Les redevances fixées par la durée du bail, en argent, en un terme, à Noël; ou en deux termes, la Saint-André et la Saint-Jean, suivant la récolte.

Il est un usage qui tend à se généraliser vis à vis des preneurs peu solvables, c'est de faire payer une année d'avance, au lieu et place des hypothèques.

14.

§ 5. Capitaux. — Moyens de crédits.

15. Quel est le montant du capital de première installation dans une exploitation d'une importance donnée, et quel est le montant du capital de roulement ?

Il varie en raison des lieux , des circonstances, des avances à faire et du mobilier que l'on y consacre. On compte en général 300 fr. par hectare, 9,000 fr. pour une exploitation de 30 hectares. Cette somme fournit, outre l'amontement, la nourriture des animaux pendant les 18 mois qui précèdent la récolte, ainsi que l'ensemencement. Quant au capital de roulement, le fermier s'en dispense généralement ; il achète à crédit et souvent la gêne des premières années a une fâcheuse influence pendant la durée de son bail.

16. Ces capitaux suffisent-ils aux besoins de la culture, au perfectionnement des procédés agricoles et à l'amélioration des terres ?

Souvent le fermier néglige de se procurer le capital nécessaire au bon entretien des terres, et s'il arrive qu'il reprenne un nouveau fermage, il détruit ses anciennes terres au profit des nouvelles ; de cette manière, il grossit sa redevance sans beaucoup augmenter ses produits.

17. Si les capitaux n'existent pas ou ne se trouvent pas en quantités suffisantes entre les mains de ceux qui possèdent les propriétés rurales ou qui les exploitent, comment ceux-ci peuvent-ils se les procurer ? Quelles facilités ou quels obstacles rencontrent-ils à cet égard ?

Les cultivateurs solvables trouvent facilement à emprunter aux banques locales. Quant aux autres, ils ont recours à toutes sortes d'expédients qu'explique leur position embarrassée.

18. A quel taux l'argent qui leur est nécessaire leur est-il habi-
tuellement fourni ?

Les premiers empruntent au taux de 5 p. 0/0, tandis
que les seconds, en achetant les animaux à crédit, empruntent à 30, et même jusqu'à 50 p. 0/0.

19. Dans le cas où la situation actuelle du crédit agricole serait
considérée comme défectueuse, par quels moyens et par
quelles modifications à la législation existante serait-il
possible de l'améliorer ?

J'ignore quel serait le moyen législatif de rendre le
crédit plus facile ; mais à côté de ceux qui s'en serviraient
utilement, je vois le nombre bien plus considérable de ceux
qui en abuseraient. Ce crédit est une arme à deux tran-
chants ; il peut faire autant de bien que de mal.

20. Les emprunts faits par les propriétaires ou les exploitants du
sol sont-ils consacrés exclusivement à l'amélioration des
terres et au développement de la culture ?

Je redoute les emprunts faits par les habitants des campagnes. La plus grande partie servirait à acquérir des terres
et pour cet usage ils en trouvent toujours ; une partie serait
consacrée à des constructions luxueuses, et rien, ou à peu
près rien, à l'amélioration des terres.

21. Quelle est aujourd'hui, comparée à ce qu'elle était à d'autres
époques, la situation hypothécaire de la propriété rurale ?
Quelle est particulièrement cette situation pour le proprié-
taire exploitant et pour le propriétaire non exploitant ?

Nous n'avons jamais compris en Picardie cette assertion souvent répétée, à savoir que là propriété succombe sous le poids des hypothèques. Il existe dans tous les villages des individus qui, par incurie ou mauvaise conduite, négligent leurs affaires et se ruinent; ils hypothèquent leurs terres pour retarder la culbute. S'ils sont cultivateurs, comme cette profession exige une extrême assiduité au travail, leur ruine s'en accélère d'autant. La culture n'en est pas la cause, mais l'effet. C'est ainsi que l'on voit des villages pauvres, mais courageux, s'élever rapidement jusqu'au moment où le tissage de toile s'y introduit, car avec lui apparaissent aussitôt le luxe, le dévergondade et bientôt la misère et ses suites.

Il existait, en Picardie comme ailleurs, des placements sur hypothèques; mais ce mode a cessé presque partout, sauf dans le cas de vente où l'immeuble est affecté à la garantie de paiement.

22. Quelle a été l'influence exercée sur l'emploi des capitaux et des épargnes agricoles par le développement qu'a pris la fortune mobilière, et par la création de valeurs de toute nature ?

Avant 1848, les campagnes ne connaissaient d'autres placements que ceux en terre; mais la conversion en ventes des livrets de la Caisse d'épargne ont familiarisé les paysans avec les valeurs mobilières; alléchés par des promesses décevantes, ils ont placé leurs épargnes dans les fonds les moins sûrs, mais rapportant le plus, et aujourd'hui ils expient cruellement ces fatales erreurs.

§. 6. Salaires. — Main-d'œuvre

23. Les salaires des ouvriers de la culture ont-ils augmenté, et dans quelle proportion ?

Les salaires des ouvriers agricoles ont considérablement augmenté. En 1808 mon père avait une excellente fille de cour au prix de 60 fr. par an, et qui voulait même être diminuée lorsque ses forces trahirent son courage. La même aujourd'hui demanderait 250 à 300 fr. et peut-être plus. Il en est de même des charretiers, moissonneurs, batteurs, etc. La nourriture est aussi complétement changée ; autrefois on comptait 25 c. par jour pour nourrir un homme, et maintenant elle revient au moins de 1 fr. 25 à 1 fr. 50.

24. En a-t-il été de même des salaires des ouvriers et des domestiques autres que les domestiques employés pour la culture ?

C'est la même chose pour tous les autres domestiques.

25. Quelles sont les causes de l'augmentation des salaires ?

L'augmentation des salaires a deux causes principales : 1° l'aisance générale, qui fait que le nombre de ceux qui louent leurs bras diminuent tous les jours, et 2° le peu de besogne faite par les ouvriers à la journée qui oblige d'en augmenter le nombre.

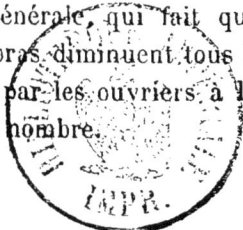

7

26. *Le personnel agricole a-t-il diminué? Le nombre des ouvriers ruraux est-il en rapport avec les besoins de la culture, ou est-il devenu insuffisant ?*

Le nombre des ouvriers agricoles diminue tous les jours, et il devient tout à fait insuffisant.

27. *S'il y a insuffisance d'ouvriers agricoles, quelles en sont les causes ?*

Tandis que l'ouvrier diminue, le travail augmente. La culture plus soignée, les bestiaux plus nombreux, les binages et autres façons à donner aux plantes industrielles, tout réclame des bras que les instruments ne sauraient remplacer.

28. *Le mouvement d'émigration des populations rurales vers les villes et l'abandon du travail des champs pour le travail industriel se sont-ils produits dans des proportions sensibles?*

L'émigration vers les villes fait beaucoup de tort; mais le tissage mécanique, qui absorbe tous les ouvriers, fait un tort bien plus sensible.

29. *En cas d'affirmative, quelle est la proportion, dans ce mouvement d'émigration, entre le nombre des hommes seuls, celui des ménages et celui des femmes ou des filles seules ?*

L'émigration comprend rarement des ménages ; ce sont des jeunes gens de 15 à 18 ans qui vont à Paris. Presque toujours ils s'y établissent en se mariant entr'eux ou avec des Parisiens. La commune d'Aumont, sur 400 habitants, en compte une quarantaine mariés à Paris. Plusieurs d'entr'eux font de très-bonnes affaires.

30. Les ouvriers qui émigrent des campagnes vers les villes sont-ils des terrassiers ou des ouvriers agricoles ? Appartiennent-ils, au contraire, à des corps d'état tels que maçons, charpentiers, etc., ou à la classe des domestiques de maison ?

Les ouvriers qui émigrent sont de tous les états : tonneliers, menuisiers, selliers, tailleurs, etc. ; mais la plupart sont d'abord employés comme domestiques.

31. Le manque de bras, là où il se fait sentir, provient-il uniquement de la diminution du nombre des ouvriers agricoles ? Ne résulte-t-il pas, dans une certaine mesure, des progrès de l'agriculture, et, notamment, de l'extension donnée aux cultures industrielles dont les travaux sont plus multipliés et exigeraient, dès lors, un personnel plus considérable pour une même surface cultivée ?

Sans aucun doute.

32. L'insuffisance des ouvriers agricoles ne provient-elle pas aussi de ce qu'un certain nombre d'entre eux, devenus propriétaires, travaillent une partie du temps sur leur propriété et n'offrent plus leurs services ou les offrent moins à ceux qui les employaient autrefois ?

C'est incontestable.

33. *L'insuffisance ne peut-elle pas être attribuée en partie à ce que les familles seraient moins nombreuses aujourd'hui qu'autrefois ?*

Il est évident que les familles nombreuses diminuent et, par suite, le nombre des ouvriers ; car dans les grandes familles l'aîné restait avec les parents pour les aider, et les autres se plaçaient.

34. *Quelle a été l'influence exercée sur la diminution du personnel agricole, sur le taux des salaires et de la main-d'œuvre par l'emploi des machines dans l'agriculture ? L'emploi de ces machines s'est-il déjà étendu dans la contrée et a-t-il une tendance à se vulgariser de plus en plus ?*

Les machines employées dans l'arrondissement sont les machines à battre ; sans doute elles ont rendu plus prompte et moins pénible l'opération du battage des grains et par là ont permis d'employer les ouvriers à d'autres besognes ; mais elles n'ont eu aucune influence sur le taux des salaires et la diminution des ouvriers agricoles.

35. *L'usage des machines à battre, particulièrement, n'a-t-il pas enlevé du travail aux ouvriers agricoles à une certaine époque de l'année, et ces ouvriers n'ont-ils pas dû exiger une augmentation de salaire pour les autres travaux? N'y a-t-il pas là aussi une cause d'émigration ?*

C'est le manque de bras qui a forcé à recourir aux batteuses ; c'est cette même cause qui fera bientôt recourir aux moissonneuses, fâneuses, etc.

36. *La manière de moissonner n'a-t-elle pas subi des modifications et n'exige-t-elle pas un personnel moins nombreux que par le passé ?*

Il est vrai que la faux substituée à la faucille active la besogne ; mais si on réfléchit que d'une part la culture donne beaucoup plus de bottes à cause des fortes fumures et d'autre que la jachère supprimée augmente la besogne, on comprendra que les cultivateurs loin de diminuer leur personnel aient été forcés de l'augmenter. Du reste, ainsi qu'on le voit par les registres et les livres des anciens, les grains il y a 50 ans supportaient bien mieux l'intempérie des saisons, et la moisson durait impunément le double de temps qu'aujourd'hui. Maintenant on commence à couper les blés encore verts et 8 jours après ils sont trop mûrs. La science moderne a inventé heureusement les moyettes sans lesquelles la moisson deviendrait impossible.

37. *La somme de travail obtenue des ouvriers agricoles est-elle plus ou moins considérable que par le passé ?*

Le travail à la tâche a beaucoup augmenté mais il n'en est pas de même du travail à la journée.

38. *Les conditions d'existence de cette partie de la population se sont-elles améliorées ? S'est-il produit des modifications favorables dans la manière dont elle est nourrie, dont elle est vêtue et logée ? Son bien-être général s'est-il accru, et dans quelle mesure ?*

L'instruction primaire est-elle dirigée dans un sens favorable à l'agriculture, et quelle est son influence sur le choix des professions ?

Les sociétés de secours mutuels sont-elles suffisamment répandues dans les campagnes ?

L'assistance publique y est-elle convenablement organisée?

La vie de l'ouvrier est totalement changée; à ses haillons d'autrefois il a substitué des habits propres, au pain bis le pain de boulanger. Jadis on tuait quatre ou cinq porcs par village et maintenant on en tue cent plus petits, il est vrai, mais plus friands. Le confortable est descendu jusqu'au mendiant qui, lorsque la cueillette a été bonne, se régale de petit lard. Le nombre des vaches a triplé et tous les ouvriers consomment du beurre et du laitage. M. Allou, ancien Recteur du Département de la Somme, était complétement antipathique à l'instruction agricole: tout reste à faire à son successeur.

Les sociétés de secours mutuels n'existent pas dans les campagnes; la charité particulière suffit à tout.

Partout où les bureaux de bienfaisance sont richement dotés, ils créent des paresseux et des insolvables.

39. *S'est-il opéré des changements dans l'état moral des ouvriers de la campagne ? Leurs relations avec ceux qui les emploient sont-elles moins faciles qu'autrefois ? Quels sont les résultats et les causes des changements survenus sous ce rapport ?*

L'ouvrier devient de plus en plus exigeant. Les bons ayant beaucoup plus de demandes qu'ils n'en peuvent satisfaire sont difficiles, et les maîtres forcés à une abnégation perpétuelle sont obligés de se contenter du travail quel qu'il soit.

40. *Y aurait-il avantage à étendre aux ouvriers agricoles les dispositions de la loi du 22 juin 1854 relative aux livrets ?*

Ce serait un grand avantage ; mais il sera difficile de faire passer cet usage dans les mœurs.

41. *Le nombre des ouvriers nomades qui viennent se mettre à la disposition des cultivateurs pour les grands travaux de la moisson et de la vendange est-il plus ou moins considérable aujourd'hui que par le passé ? Quelle influence les faits de cette nature exercent-ils sur la condition des ouvriers séden- taires et sur leurs rapports avec ceux qui les emploient ?*

La contrée que nous habitons envoie chaque année un assez grand nombre de moissonneurs aux environs de Paris et il n'est pas rare que ces ouvriers puissent faire une se- conde étape en Normandie. Les bineurs sont très-rares. La nouvelle sucrerie établie à Poix voulant favoriser ses four- nisseurs de betteraves leur a fait venir des ouvriers belges ; mais leur travail est tellement superficiel que nous serons forcés de reprendre les bineurs du pays dont les préten- tions s'accroîtront d'autant.

§ 7. Engrais. — Amendement des terres.

42. *Quels sont les divers engrais ou amendements dont l'agri- culture fait usage dans le pays ?*

L'agriculture du pays emploie presqu'exclusivement le fumier ; tous ses efforts tendent à en accroître la masse en entretenant beaucoup de bestiaux et en cultivant de préférence tout ce qui abonde en paille : ainsi les grands blés, les bizailles de Montreuil, etc.

43. La production du fumier est-elle suffisante ? Y a-t-il besoin d'y suppléer par l'achat d'engrais naturels ou artificiels ?

Un bon cultivateur ne trouve jamais qu'il ait assez de fumier ; il sait que la production de la terre est indéfinie pourvu qu'on ait assez de fumier pour compenser ses pertes : aussi s'efforce-t-il d'augmenter cette somme par les engrais naturels, tels que les cendres, la suie, le plâtre, la chaux, la marne, les boues de rue, etc.

44. Pour une étendue donnée de terres, combien a-t-on ordinairement de chevaux, d'animaux de race bovine, ovine, porcine, etc.? Ce nombre est-il ce qu'il devrait être eu égard à l'importance de l'exploitation ? Est-il suffisant pour donner la quantité de fumier nécessaire ? S'il ne l'est pas, quelles sont les circonstances qui s'opposent à ce qu'il atteigne la proportion voulue ?

Les cultivateurs hors-ligne ont une tête de gros bétail à l'hectare. S'ils y restreignent les graines oléagineuses et textiles qui emploient des engrais et n'en rendent pas, cette quantité suffit pour entretenir la fertilité de la terre ; mais là encore ils se heurtent contre la disette et l'incurie des ouvriers ; car l'engraissement et la bonne tenue des animaux dépendent autant des soins que de la nourriture.

45. *Quels sont les frais que l'agriculture a à supporter pour .*
    l'achat d'engrais naturels ou artificiels? Trouve-t-elle à cet
    égard des facilités et des garanties suffisantes? Que pourrait-
    il être fait pour augmenter. ces facilités et ces garanties ?

L'agriculture doit employer en outre de ses fumiers au moins un dixième d'engrais naturels ou artificiels : pour les premiers il suffit de choisir les moments favorables ; quant aux seconds ils ont presque toujours trompé l'attente des acheteurs. J'ignore absolument comment il faudrait s'y prendre pour changer cet état de choses.

46. *A quelles dépenses l'agriculture de la contrée a-t-elle à faire*
    face pour le chaulage, le marnage ou autres amendements
    des terres, et quelles difficultés peuvent s'opposer à ce qu'on
    se procure les matières les plus propres à améliorer la
    qualité du sol et à augmenter sa force de production?

La plupart des terres fortes de l'arrondissement ont un grand besoin de marne, surtout dans la partie qui avoisine la Normandie. La dépense pour le marnage d'un hectare est 100 fr. environ et elle doit être renouvelée tous les 12 ou 15 ans. Quant à l'emploi direct de la chaux, il expose à de nombreuses déceptions. Il n'en est pas de même lorsque la chaux est stratifiée ou employée en composts.

§ 8. Autres charges de la culture.

47. *Quels sont les frais accessoires que supporte la culture*
    pour la construction et l'entretien des bâtiments ruraux et

leur assurance contre l'incendie? Comment ces frais se ré-
partissent-ils entre les propriétaires des biens ruraux et ceux
qui les exploitent ?

Il est facile de se rendre compte de ce que coûte l'établissement et l'entretien d'une ferme pour une culture donnée ;
mais ce mode de location étant à peu près supprimé partout
et les biens étant mis au détail, les particuliers agrandissent
leurs constructions pour parvenir à enserrer les récoltes et
loger leurs bestiaux.

48. *Quelles sont les charges qu'imposent aux cultivateurs l'assu-*
    rance de leurs récoltes contre l'incendie ou la grêle et
    l'assurance contre la mortalité des bestiaux ?

Dans le Département on assure les bâtiments avec les récoltes qu'ils contiennent ainsi que les meules de grains ;
mais jusqu'à présent les assurances contre la grêle et la
mortalité des bestiaux n'ont pu réussir.

49. *Quels sont les frais d'achat et d'entretien du matériel agri-*
    cole ?

C'est une chose difficile à apprécier et qui diffère dans
chaque localité. Tandis que les uns renouvellent leurs
bestiaux par les élèves, d'autres sont conservateurs par
excellence. J'ai vu souvent des chiffres posés dans les
journaux agricoles; mais ils sont tout à fait illusoires.

50. Quelles sont les autres charges qui incombent à l'agriculture ?

La nomenclature des charges qui incombent à l'agriculture serait très-considérable. En première-ligne nous plaçons les impôts de toutes natures qui pèsent sur la propriété et par suite sur l'agriculture. Impôts des mutations, d'enregistrement, l'impôt mobilier mis sur les ventes à la criée, l'impôt des prestations qui ne peut pas même servir à l'entretien des chemins ruraux, les droits d'octroi qui pèsent sur toutes les denrées agricoles, les dégâts faits aux récoltes par le défaut de surveillance des gardes-champêtres, le ramassage des cailloux dans les terres ensemencées et bien d'autres.

II

CONDITIONS SPÉCIALES DE LA PRODUCTION AGRICOLE.

§ 9. Procédés de culture. — Assolements.

51. Quels sont, aujourd'hui, pour la grande, la moyenne et la petite culture, les divers modes d'assolement, et particulièrement ceux qui sont le plus fréquemment suivis ?

L'assolement presque exclusif du Département de la Somme est l'assolement triennal. Toutefois dans les petites terres chacun suit son inspiration.

52. Quelles modifications ont été apportées, sous ce rapport, à
l'ancien état de choses ?

Autrefois l'assolement triennal comprenait le blé, le
mars et une sole en jachère; aujourd'hui cette troisième
sole est entièrement occupée par le trèfle, la minette, les
graines oléagineuses; la vesce, les bizailles, etc., quelquefois les légumes.

53. Quelle est l'étendue des terres affectées à chaque culture ? La
proportion qui existe entre les différentes cultures est-elle
motivée par la nature du sol et par la qualité des terres, ou
est-elle déterminée par les facilités qu'offre le placement de
certains produits ? Doit-elle être considérée comme étant la
plus profitable au producteur, et, si elle n'est pas ce qu'elle
devrait être, quelles sont les circonstances qui mettent obs-
tacle à ce qu'elle soit modifiée ?

Il existe encore des personnes qui cultivent des choses que
la nature du sol repousse, par exemple le blé dans les petites
terres qui y sont tout à fait impropres; mais ces habitudes
passeront et chacun finira par ne demander aux terres
que ce qu'elles donnent le plus volontiers.

54. Quels ont été, depuis un certain nombre d'années, en remon-
tant à trente au moins, les progrès accomplis et les amélio-
rations réalisées dans la culture du sol ?

Les progrès obtenus dans la culture sont très-grands et
si, au lieu de remonter à 30 ans, on remontait à 60, je
montrerais par ses registres que mon père qui avait une

très-grande réputation comme cultivateur, n'avait pas plus de bestiaux et de récoltes en cultivant la totalité de la terre d'Aumont que je n'en ai aujourd'hui pour le tiers. Sans doute tous ne font pas autant de sacrifices; mais Dieu a tracé une marche lente au progrès, que la masse ne doit pas dépasser; et ceux qui ne savent pas contenir leur impatience vis-à-vis des retardataires, devraient considérer qu'avant de doubler les produits il serait bon de créer des consommateurs.

Au nombre des progrès il faut mettre la bonne tenue et l'acquisition des bestiaux à l'usage des *coqs* et moyettes.

55. Dans quelle mesure les divers procédés agricoles se sont-ils perfectionnés ?

A la charrue ancienne, on a substitué la charrue Wasse, le brabant double et autres perfectionnements. Presque tous les cultivateurs ont des extirpateurs, des rouleaux plus pesants, etc.

§ 10. Défrichements.

56. Quelle a été l'importance des travaux de défrichement opérés dans la contrée, et quel en a été le résultat ?

Il restait dans les environs d'Amiens un certain nombre de friches qui ont été converties en terres arables. Plusieurs de ces défrichements ont réussi ; mais d'autres ont apporté à la culture un médiocre appoint. Le succès eut été plus durable si à l'aide des soins voulus on les eût convertis en bois; ils auraient servi à combler les vides que les défriche- ments de bois ont laissés dans le pays.

57. Quelle est l'étendue des landes et autres terres incultes ?

L'étendue des landes, friches, rideaux, terres vaines et vagues était au moment du cadastre de 175,000 hectares pour l'arrondissement ; il est à peine maintenant de 30,000 hectares.

58. Quelles sont les causes qui se sont opposées, jusqu'à présent, à ce qu'elles aient été mises en valeur ?

Parmi les terres restées en friche il en est que leur trop grande déclivité ne permettrait de cultiver qu'à la main, d'autres qui appartiennent aux communes et servent utile- ment au pâturage des troupeaux.

Je crois qu'il reste très-peu de choses à faire dans l'arron- dissement en fait de défrichement, d'autant plus qu'en culture ce n'est pas l'étendue qui vaut, mais les soins donnés à une partie restreinte.

§ 11. Desséchements.

59. Quelle a été l'étendue des desséchements opérés dans la contrée depuis les trente dernières années, et quel en a été le résultat?

N'habitant pas la vallée, je ne saurais énumérer les desséchements. Je dois dire seulement que tous n'ont pas réussi; il en est même qui ont été plus nuisibles qu'utiles.

60. Quels obstacles la législation pourrait-elle opposer à ce qu'ils prissent plus de développement ?

Pour obtenir des résultats vraiment utiles, il faudrait qu'ils fussent exécutés sur une vaste échelle et tels que le faisait autrefois la main toute-puissante de la féodalité.

§ 12. Drainage.

61. Quelle est, dans la contrée, l'étendue des terres auxquelles le drainage pourrait être utilement appliqué ?

Le canton de Poix dans l'arrondissement d'Amiens fournirait la plus utile application du drainage. On pourrait évaluer à 600 hectares la quantité qui profiterait de cette opération. Les autres cantons réunis fourniraient à peu près le même chiffre.

62. Quel a été, jusqu'à présent, le développement donné à cette pratique agricole ? Quels en ont été les résultats ?

Le drainage n'a reçu jusqu'à présent que très-peu d'applications.

63. Quelles sont les circonstances qui ont pu s'opposer à ce qu'elle prit plus d'extension ?

Diverses circonstances se sont opposées jusqu'ici à son extension, nous citerons: 1° la difficulté de trouver quelqu'un pour le bien diriger; 2° l'incertitude du succès; 3° le morcellement de la propriété; 4° la difficulté d'obtenir le libre écoulement et l'utilisation des eaux.

§ 13. Irrigations.

64. Quel est l'état des irrigations dans la contrée ? Sont-elles naturelles ou artificielles ?

L'arrondissement compte plusieurs vallées soumises à un système d'irrigation parfaitement entendu ; on peut citer les vallées du Liger, de la Bresle, d'Aumâle, de Conty, de Poix et des irrigations particulières à l'Etoile, Flixecourt, Bethencourt, Remiencourt, etc.

65. Les irrigations naturelles par débordements ont-elles diminué ou augmenté ?

Ces irrigations sont alimentées au moyen d'un barrage mis sur des cours d'eau ou rivières. Chaque propriété flotte à son tour pendant un temps fixé et l'eau est sagement répartie entre les usines et les prairies.

66. Quels sont les obstacles qui ont pu s'opposer à l'extension de la pratique des irrigations dans les terres où elle serait utile?

1° Les droits acquis par d'autres sur les eaux ; 2° la grande dépense à faire pour arriver à un bon résultat et la difficulté de rencontrer des hommes spéciaux pour conduire l'entreprise sûrement et économiquement.

67. Quelle influence favorable ou contraire le régime actuel des eaux peut-il exercer sur le progrès des irrigations ?

Les agents des Ponts et Chaussées sous prétexte de réglementation avaient voulu s'immiscer dans les droits séculaires des propriétaires de prairies irriguées. Heureusement le Conseil d'Etat a repoussé cette prétention.

§ 14. Prairies et cultures fourragères.

68. Quelle est, dans la contrée, l'étendue relative des prairies naturelles ?

L'arrondissement d'Amiens possède 4,686 hectares de prairies et 2,875 hectares de marais, soit 7,561 hectares. Il conviendrait d'en défalquer une certaine quantité qui est en écus, roseaux, tourbes, etc.; mais comme on trouverait aux jardins-vergers une quantité au moins équivalente de prairies naturelles, je pense qu'on peut admettre ce chiffre dans son entier.

8

69. *Quel est le rendement moyen en fourrages des prairies natu-*
relles ? Quel est le prix de vente de ces fourrages depuis dix
ans ?

Le rendement en fourrage des prairies naturelles est d'autant plus difficile à apprécier que la plupart du temps
il est consommé sur place; du reste l'échelle est vaste,
depuis les médiocres prairies de la vallée de Somme jusqu'aux rendements des prairies irriguées. Dans celle-ci la
quantité habituelle de Liomer à Senarpont est de 10,000^k.
à l'hectare, ou 100 quintaux à 4 fr.: 400 fr. Bien que la con-
consommation des fourrages soit plus que doublée, les
prix du foin tendent tous les jours à baisser, en même
temps que s'élèvent ceux des prairies artificielles.

70. *Quelle est l'étendue relative des terres cultivées en prairies*
artificielles ?

Dans le canton d'Hornoy sur 11,585 hectares cultivés, la
statistique de 1862, la dernière où on se soit occupé des
fourrages, portait 1,200 hectares en prairies artificielles. Si
on suppose la même quantité dans chaque canton, on aurait
14,680 hectares pour l'arrondissement qui compte 140,000
hectares en culture. Cette quantité doit encore être augmentée aujourd'hui.

71. *Quels sont les frais de culture de ces prairies pour une éten-*
due donnée en mesure locale et ramenée à l'hectare ?

Les frais occasionnés par l'établissement des prairies sont
peu considérables par eux-mêmes; ainsi les trèfles rouges,

blancs, incarnats, la minette, sont semés sur la terre ou dans une céréale. Les luzernes et sainfoins exigent des préparations particulières et coûtent davantage : ainsi il faut marner plusieurs années à l'avance, fumer très-fortement et tenir la terre très-nette d'herbes. La semence est mise au mois de mai dans une pamelle ou buccaille très-claire qui servira d'abri à la plante. On emploie 5 hectolitres à l'hectare de graine de sainfoin et 50 kilog. de sainfoin, soit 85 fr. pour le sainfoin chaud, 80 fr. pour l'ordinaire et 60 fr. pour la luzerne.

72. *Cultive-t-on dans la contrée d'autres plantes destinées à la nourriture des animaux, telles que choux, betteraves, navets, carottes, etc. ?*

Quelle est l'étendue relative des terres employées à ces cultures ? Quels sont leur rendement moyen et les frais qui leur incombent ?

On cultive dans l'arrondissement une certaine quantité de légumes destinés à la nourriture des animaux, tels que carottes et betteraves. Les choux sont une exception et les navets obtenus en récolte dérobée ne coûtent que la graine et un léger binage. Les carottes et betteraves exigent une terre franche parfaitement préparée et fumée. Les frais de cette culture sont les suivants :

Location.	100 fr.
Fumure	200
Labour.	80
Binage et sarclage	100
Acquisition de graine	20
Total	500 fr.

Le produit peut être évalué de 30 à 50,000 kilog. soit 40,000 à 18 fr. . . . . 720 fr.

Les frais pour les carottes sont à peu près les mêmes.

Leur produit peut être évalué à 40,000 kilog, à 22 fr. . . . . 880 fr.

Une partie de la fumure sert à la production de l'année suivante.

73. *A-t-il été donné depuis un certain nombre d'années un développement sensible aux cultures fourragères et dans quelle proportion ?*

Les prairies artificielles augmentent considérablement dans nos contrées, particulièrement la luzerne qui jouit d'une faveur tout exceptionnelle, tandis que le trèfle perd de jour en jour.

Nous avons des individus qui louent des terres uniquement pour les mettre en luzerne et la vendre sur pied.

74. *Quel est le rendement moyen des terres cultivées en plantes fourragères des diverses espèces, trèfle, luzerne, sainfoin, betteraves, choux, etc., etc. ?*

Le canton d'Hornoy comptait, en 1862, 1323 hectares divisés ainsi :

109 hectares de trèfle qui ont produit 40,560 quint. mèt.

769	—	de sainfoin	—	28,951	—
245	—	de luzerne	—	10,252	—
200	—	de mélange	—	7,658	—

Total . . . . 87,401 quint. mèt.

Dans le tableau ci-dessus le trèfle a une moyenne de 40 quint. mèt. à l'hectare, le sainfoin 37, la luzerne 44, et les mélanges 38.

75. Quel est le prix de vente de ces divers produits ?

Le trèfle   vaut 4 fr. 60 c. le quintal.
Le sainfoin   »   5   20   »
La luzerne   »   5   20   »
Les mélanges »   4 fr. 50   »
Ces prix qui étaient ceux de 1862 n'ont pas varié.

§ 15. Animaux.

76. Quels sont, pour les animaux de chaque sorte : chevaux, mulets, ânes, bœufs, vaches, veaux, moutons, porcs, les frais de toute nature que le cultivateur a à supporter pour dépenses d'achats, d'élevage, de nourriture, d'entretien, d'engraissement, etc. ? A quels prix les animaux de chaque espèce lui reviennent-ils et à quels prix se vendent-ils ?

Dans les conditions ordinaires l'élevage ne paie jamais la nourriture, on est forcé de compter le fumier très-haut et surtout de ne pas calculer vigoureusement pour s'y livrer.

Le cheval et le mulet coûtent annuellement 200 fr., soit 600 fr. à trois ans. Ils valent au plus 400 fr.

L'âne, le veau, la vache, le taureau coûtent 150 fr., soit 450 fr. à trois ans. Ils valent 300 fr.

Le porc à 50 c. par jour, coûte 180 fr. par an et ne vaut guère que 100 fr. Seul l'engraissement bien réussi peut payer la totalité des nourritures et fournir d'excellent fumier ; mais il exige des soins, des connaissances et des capitaux que n'ont pas toujours les cultivateurs.

77. *Y a-t-il amélioration dans la quantité et la qualité des animaux ? Quels changements se sont opérés à cet égard depuis trente ans, soit par le choix des races, soit par leur perfectionnement, soit par de meilleurs procédés d'élevage et d'engraissement ?*

Depuis 10 ans on remarque une très-grande amélioration dans la qualité des bestiaux. La Picardie, prise entre les deux immenses courants qui vont de la Normandie à la Flandre et ensuite sur Paris, y retrempe ses races et cherche à égaler ses voisines. Le plus bel éloge que l'on puisse faire de ces animaux, c'est de les dire Flamands ou Normands, et ses produits les mieux réussis se vendent sous ces dénominations. Outre le bon choix et l'entretien des élèves, la Picardie engraisse, à l'herbe et à l'étable, un grand nombre de têtes et fournit au-delà de sa consommation.

78. *Quelles facilités nouvelles l'extension des cultures fourragères, sur les points où elle a été constatée, a-t-elle procurées pour l'élevage du bétail et la production des engrais ?*
    Achète-t-on pour les animaux des aliments non fournis par l'exploitation ?

Les cultures fourragères aident puissamment au bon entretien des bestiaux et par contre à la production des fumiers.

On achète en outre une grande quantité de nourritures :

ainsi la commune d'Aumont qui cultive 250 hectares,
achète chaque année pour au moins 2,500 fr. de son, tourteaux et prairies artificielles. Je ne veux pas donner cet
exemple comme une moyenne, mais comme une approxi-
mation.

79. *Existe-t-il un écart trop élevé entre le prix du bétail sur
pied et celui de la viande au détail? A quelles causes doit-on
attribuer cet écart ?*

Il existe un écart très-considérable entre le prix de la
bête sur pied et la viande au détail. On a cherché à faire
concurrence aux bouchers par la création de boucheries par
actions ; mais ces établissements offrent tant de difficultés
qu'ils remplissent à peine le but cherché. La seule concurrence véritable viendrait de cultures importantes comme
celle de M. Anselin, à la ville d'Eu, qui produit à peu près
chez lui tout ce qu'il fait tuer.

80. *Quel parti les cultivateurs tirent-ils des autres produits
provenant des animaux de la ferme, tels que les laines, le
beurre, le lait, les fromages, etc.?*

Le cultivateur tire parti de tout dans la ferme. Les moutons donnent 8 à 10 fr. de laine à la tête. La vache donne 60
à 80 fr. en beurre et presque le double en lait ; mais en
vendant le lait on perd une précieuse nourriture pour les
porcs. La vente des fromages est peu en usage en Picardie ,
on s'en sert pour les gens de la ferme seulement.

81. Quelles ressources les cultivateurs trouvent-ils dans l'élevage de la volaille ?

La ménagère trouve une ressource importante dans l'élève de la volaille et la vente des œufs. Toutefois il faut avouer que les profits n'augmentent pas en proportion de l'importance de la culture.

§ 16. Céréales.

82. Quelle est, dans la contrée, l'étendue des terres cultivées en céréales des diverses espèces ?

L'arrondissement comprend 140,000 hectares de terres labourables ; on compte en général le 1/4 en blé, soit 35,000, ainsi répartis :

En froment	20,000 hect.
En méteil.	10,000
En seigle	5,000
Total	35,000 hec.
En orge	5,000 hec.
En maïs	»
En sarrasin	1,000
En avoine.	29,000
Total	35,000 hec.

La jachère comprend les graines oléagineuses, les bizailles, trèfles, etc . . . . 35,000 hec.

Et la quatrième partie est occupée par les prairies durables, telles que le sainfoin, la luzerne et les terres hors soles. . . . . 35,000 hec.

83. *Quels sont, pour chacune de ces céréales, les frais de culture d'un hectare de terre, ou de la mesure employée dans la localité et dont le rapport avec l'hectare sera indiqué ?*

Les frais de culture sont de deux sortes, ceux du particulier qui fait faire ses labours et ceux du laboureur qui les fait.

On ne peut que prendre une moyenne entre l'un et l'autre ; car les frais varient suivant les cultivateurs et les localités.

84. *Quel est le détail de ces différents frais :*

Pour les labours, du blé par hect.	100 fr. du mars		50 fr.
Pour le hersage, compris dans les labours	—		id.
Pour le roulage	»	—	id.
Pour le coût des semences, par hect.	20	—	10
Pour le prix de l'ensemencement .	2	—	2
Pour les façons d'entretien . . .	»	—	»
Pour la moisson	25	—	20
Pour la rentrée des grains	»	—	»
Pour le battage, nettoyage, etc . .	55 fr.	—	25 fr.
Total	182 fr.	—	107 fr.

85. *Quel est le rendement par hectare pour chacune de ces espèces de céréales depuis dix ans ?*

Le rendement moyen du canton d'Hornoy, suivant les statistiques, était en :

	Froment.	Méteil.	Seigle.	Orge.	Avoine.
1856 . .	16 h.	24 h.	16 h.	22 h.	24 h.
1857 . .	20	22	17	25	30
1858 . .	20	20	23	25	43
1859 . .	18	16	15	15	26
1860 . .	13	13	11	30	35
1861 . ,	16	16	16	19	28
1862 . .	18	20	19	24	36
1863 . .	15	16	17	23	30
1864 . .	18	17	20	21	28
1865 . .	15	16	17	19	26
Moyenne .	16,70	18	17,10	22,40	51,10

86. *La production des céréales de chaque espèce a-t-elle augmenté dans une proportion sensible depuis trente ans ? S'il
y a eu augmentation, à quelles causes doit-elle être particulièrement attribuée ? L'importation d'espèces nouvelles de
céréales donnant un rendement plus considérable a-t-elle
contribué dans une mesure un peu importante aux progrès
de la production ?*

La production générale a considérablement augmenté ;
mais ce n'est pas le blé qui s'en est ressenti. La suppression de la jachère a diminué le poids du grain et par suite
la valeur, et puis la nécessité de produire beaucoup de
fumier a fait préférer aux espèces courtes et productives
de nos pères les blés de haute taille, beaucoup moins
fournis. Parmi ces espèces étrangères dont on avait fait
grand bruit, une seule, le blé roux anglais, rend de grands
services ; il craint un peu la gelée, mais il s'acclimate
vite.

87. *Quels ont été les prix de vente des diverses espèces de céréales et les variations que ces prix ont pu subir depuis dix ans ?*

Les prix de vente ont été en moyenne, suivant les statistiques du canton d'Hornoy :

		Froment.	Méteil.	Seigle.	Orge.	Avoine.
1	1855	30 fr. l'h.	24 fr.	18 fr.	14 fr.	8 fr.
2	1856	24	19	14	18	8
3	1857	22	16	12	15	8
4	1858	15	12	10	10	7
5	1859	15	13	10	10	9
6	1860	15	16	10	8	7
7	1861	20	13	11	11	7
8	1862	20	13	12	11	8
9	1863	18	13	11	11	8
10	1864	16	13	11	11	9
Moyenne		19 fr. 50	15 fr. 20	11 fr. 90	11 fr. 90	7 fr. 90

88. *L'emploi des épargnes du cultivateur à la formation de petites réserves de grains est-il aussi fréquent que par le passé ?*

Il y a fort peu de cultivateurs qui conservent du blé pendant plusieurs années, même cette année où il y avait un avantage certain.

89. *La qualité des différentes sortes de céréales s'est-elle améliorée par suite d'une culture plus soignée ? Le poids d'une mesure déterminée de grains de chaque espèce s'est-il accru depuis trente ans, et dans quelles proportions ?*

Loin de s'améliorer, la qualité du blé a diminué. Aujourd'hui, on a mille bottes à l'hectare au lieu de 500 que l'on avait il y a 60 ans; mais le blé pesait 85 kilog. à l'hectolitre au lieu de 75 qu'il pèse maintenant.

90. *Quel parti les cultivateurs tirent-ils de leurs pailles ? Quelle est la proportion qu'ils utilisent dans leur exploitation et celles qu'ils peuvent livrer à la vente ?*

Le cultivateur voisin de la ville peut trouver avantage à vendre sa paille et à acheter des fumiers ; mais celui qui habite au milieu des terres et qui vend sa paille se ruinera tôt ou tard.

§ 17. Cultures alimentaires autres que les céréales proprement dites.

91. *Quelle est, dans la contrée, l'étendue des terres cultivées en plantes alimentaires autres que les céréales proprement dites ?*
    En pommes de terre ?
    En légumes secs ?
    En légumes frais ?

L'étendue des terres cultivées en pommes de terre a été dans le canton d'Hornoy en 1863 de 157 hectares, en 1864 de 126 et en 1865 de 148, soit en moyenne 150 hectares.

92. *Quels sont, pour chacun de ces produits, les frais de culture d'un hectare ou d'une mesure de terre déterminée et ramenée à l'hectare ?*

Quel est le détail des différents frais pour chaque nature de produits ?

Les frais de culture sont à peu près les mêmes que pour les carottes ou les betteraves; car si les frais de semence sont plus élevés, les façons sont plus faciles: ils reviennent environ à 340 francs.

On peut les établir ainsi :

Location 3ᵉ classe.	50
Fumure.	155
Labour	80
Remontage	20
Semence 5 hect.	25
Arrachage.	30
	340 fr.

93. *Quel est le rendement de chaque produit ? Quelles sont les variations que ce rendement a pu éprouver depuis dix ans ?*

Le rendement des pommes de terre a été en moyenne pour le canton de 80 hectolitres à l'hectare pendant les trois dernières années, à 6 fr. l'hectolitre . . . . . 480 fr.

94. *Quels sont les prix de vente de chaque produit et les changements que ces prix ont pu subir aussi depuis dix ans ?*

Le prix des betteraves et des carottes pour les animaux

n'a pas varié; celui des pommes de terre a été de 3 à 6 fr. l'hectolitre.

95. *Leur production a-t-elle varié d'importance, et pour quelles causes ?*

Les pommes de terre occupaient autrefois une grande place dans l'agriculture; mais depuis l'envahissement de la maladie la culture en est restreinte aux besoins de la consommation ménagère.

§ 18. Cultures industrielles.

96. *Quelle est l'étendue des terrains cultivés en plantes indus-trielles de toute nature ?*
     En betteraves ?
     En graines oléagineuses, colza, navette, œillette, cameline et autres ?
     En plantes textiles, chanvre, lin, etc. ?
     En tabac ?
     En houblon ?
     En plantes tinctoriales, garance, safran, etc. ?

En 1862 la quantité de betteraves du canton d'Hornoy était de 100 hectares:

OEillettes 222 h., Colzas 45 h. ensemble   267 hect.
Chanvre   12   Lin   7   ensemble   19   »

97. *Quels sonpt, our chacun de ces produits, les frais de culture par hectare ou par mesure locale ramenée à l'hectare ?*

Quel est le détail des différents frais pour chaque nature de produits ?

Les frais varient de 5 à 600 fr. selon les plantes.

Pour le lin il faut compter : Location . . . . . 100 fr.

Labour, fumure . . 200

Graine de tonne . . 240

Sarclage 50

Arrachage 50

_____

640 fr.

OEillettes et Colzas : Location. . . . . . . 70 fr.

Labour 60

Semences 5

Binage 40

Arrachage. 30

_____

205 fr.

98. *Quel est le rendement de chaque produit et les variations que ce rendement a pu éprouver depuis dix ans ?*

Le rendement de toutes ces cultures est excessivement variable. Il y a cette année des pièces d'œillettes et de betteraves absolument détruites par les vers blancs. Depuis 2 ans la récolte des lins est très-médiocre dans notre canton.

99. *La production de chacune de ces cultures industrielles s'est-elle développée ou s'est-elle amoindrie? A quelles causes doit-on attribuer l'augmentation ou la diminution ?*

La cherté de la main-d'œuvre a beaucoup diminué les cultures industrielles. L'établissement des sucreries ferait augmenter la culture des betteraves surtout s'il était possible de les travailler à l'aide des instruments.

*100. Quels sont les prix de vente de chaque produit et les varia-
    tions que ces prix ont pu subir depuis dix ans ?*

Le lin peut se vendre suivant la réussite de 600 à 1,200 fr. l'hectare; l'œillette ou le colza produit environ 10 hectolitres à l'hectare au prix de 50 fr. l'hect. . . . 500 fr.

§ 19. Sucres indigènes et alcools.

*101. Quelle est t'importance de la fabrication des sucres indigènes
    dans la contrée ?*

Nous n'avons de ce côté que la fabrique de Beauchamps qui est alimentée par les cantons de Gamaches et d'Oisemont et la fabrique qui s'établit à Poix et qui tirera ses produits des cantons de Poix, Hornoy et Molliens-Vidame.

102. La production des alcools y joue-t-elle un rôle considérable?

Les fabriques sont exclusivement destinées à la fabrication du sucre.

103. Quels ont été les progrès réalisés dans ces deux industries ?

Les progrès réalisés dans les sucreries ne peuvent être appréciés que par des personnes spéciales. Pour nous ils ressortent de l'excellente appropriation des bâtiments et de l'outillage très-perfectionné, fourni par la maison Cail et Cie.

§ 20. Vignes.

104. 105. 106. 107. 108. 109. 110. 111.

§ 21. Culture des arbres à fruits.

112. 113. 114. 115.

116. Quelle est l'importance de la culture des fruits destinés à l'alimentation et qui sont consommés frais ou conservés ?

La véritable culture arborescente de la Picardie est celle du pommier et du poirier et elle est en pleine décroissance ; on la supprime dans les terres labourables parce qu'elle nuit aux récoltes, et dans les vergers et pâturages parce que l'herbe longue et claire qui croit sous l'ombrage des arbres est dénuée de qualités nutritives. On ne les admet dans les nouveaux herbages que moyennant un grand espacement.

117. Quels sont les frais de culture et le rendement, pour une exploitation d'une étendue donnée, des pruniers, abricotiers, pêchers, cerisiers, poiriers, pommiers, etc. ?

Les prûniers, abricotiers, pêchers, cerisiers sont exclusive-

9

ment cultivés dans les jardins, dans nos contrées, et leurs fruits consommés sur place. Le soin des jardins a fait beaucoup de progrès ; mais ils ne peuvent donner lieu à aucun commerce avantageux que lorsqu'ils sont placés près des villes ou d'une station du chemin de fer.

Le produit des pommiers et poiriers est très-irrégulier ; ils ne donnent une récolte complète que tous les trois ans. Dans les fortes terres l'éducation du pommier est très-lente ; mais il peut vivre 150 ans. Sa croissance est beaucoup plus rapide dans la vallée ; il y rapporte plus régulièrement et sa durée est moins longue. La culture du poirier est identique avec celle du pommier ; mais tandis que celui-ci prospère dans la plaine, le poirier ne donne ses fruits qu'à l'abri des habitations.

118. Quels sont les prix de vente des produits qui en proviennent et quelles modifications favorables à l'agriculture ont eu lieu depuis un certain nombre d'années dans la manière de tirer parti de ces divers produits ?

Le prix des poires et des pommes varie beaucoup suivant les années. L'hectolitre se vend de 2 à 6 fr. selon l'abondance. Des droits écrasants ont fermé au cidre l'entrée des villes ; il cède partout la place à la bière qui elle-même la céderait au vin si les droits en étaient réduits.

§ 22. Sériculture.

119. 120 121. 122.

§ 23. Proportion des cultures et des produits cultivés.

123. 124.

III

CIRCULATION ET PLACEMENT DES PRODUITS AGRICOLES. DÉBOUCHÉS.

125. *Quelles facilités et quels obstacles rencontrent l'écoulement et le placement des produits agricoles de la contrée, leur circulation et leur transport ?*

Les marchés sont nombreux dans le Département et la multiplication des chemins de fer les rendra bientôt inutiles : car grâces aux intermédiaires on peut vendre chez soi et conduire à la station.

126. *Quels sont les débouchés qui leur sont déjà ouverts et ceux qu'il serait possible de leur ouvrir encore ?*

Les principaux débouchés de la Picardie, sont : le Nord, l'Angleterre et Paris. Les grandes lignes portent à ces points extrêmes ; mais il faudrait des chemins de fer ruraux pour relier les cantons aux grandes lignes.

127. Quels progrès la viabilité y a-t-elle faits depuis un certain nombre d'années, en remontant à trente ans au moins ?

La viabilité a fait de très-grands progrès depuis 35 ans ; mais ces progrès eux-mêmes en appellent encore d'autres qui ne peuvent manquer d'arriver à leur tour.

128. Quelle a été l'étendue des voies de communication nouvellement créées et l'importance des améliorations apportées à celles qui existaient ?

L'administration des Ponts-et-Chaussées est seule en mesure de renseigner complétement à cet égard.

129. Quelles ont été les lignes de chemins de fer construites et mises en exploitation ?

Les lignes qui intéressent l'arrondissement sont celles de Paris à Calais, d'Amiens à Boulogne et d'Amiens à Rouen.

130. 131. 132. 133.

134. Mêmes questions pour les chemins ruraux et d'exploitation.

Sous l'empire de la législation actuelle rien n'a encore été fait pour les chemins ruraux ou d'exploitation rendus pourtant plus nécessaires que jamais par les progrès de la culture.

On comprend que l'on emploie toutes les ressources des

communes pour les chemins vicinaux tout le temps qu'ils laissent à désirer ; mais lorsqu'ils sont entièrement confectionnés, il devrait être permis aux communes de s'occuper des autres.

135.

136. *Quelle est la direction donnée aux divers produits agricoles de la contrée et quelles variations cette direction a-t-elle éprouvées depuis trente ans ?*

Il y a trente ans on conduisait son blé au marché le plus voisin et quelquefois à la ville, et, quand il avait passé dans le sac de l'acquéreur, on regagnait son village sans s'occuper de ce qu'il devenait.

Aujourd'hui où la plupart des ventes se font au poids, on porte ses grains à la station voisine où il est dirigé suivant les demandes.

Une partie est convertie en farine avant le départ.

137. *La facilité et la rapidité plus grandes des communications ont-elles, depuis un certain nombre d'années, donné de l'extension aux expéditions des produits agricoles à des distances éloignées ?*

C'est incontestable et ce qui sort à présent des villages est à peine croyable.

138. *Quels sont ceux de ces produits qui ont plus particulièrement pris part à ce mouvement ?*

Le blé, l'avoine, l'orge ou pamelle.

139. Quels progrès serait-il possible de réaliser encore à cet égard?

Les chemins de fer ruraux qui mettraient les transports à la portée de tous.

140. Quelle influence le perfectionnement des voies de communication a-t-il exercée sur le prix de revient des produits agricoles ?

C'est un grand avantage, mais qu'il serait impossible d'évaluer. La facilité des communications influe d'avantage sur la vente que sur le prix de revient des denrées agricoles ; car, bien que les transports soient rendus beaucoup plus faciles des champs à la ferme, le cultivateur augmente tous les jours ses prix de labour.

141. La facilité des communications a-t-elle eu pour effet de niveler les prix et de faire disparaître les inégalités souvent considérables qui existaient à cet égard d'une contrée à une autre ? Ne serait-ce pas par ce motif que l'on peut expliquer que, dans certaines contrées où les récoltes ont mal réussi, les prix restent à un taux peu élevé, tandis qu'ils se maintiennent à un chiffre rémunérateur dans des pays où les récoltes ont été surabondantes ?

La facilité des communications contribue certainement au nivellement des prix ; c'est elle qui nous amène de plus de 50 lieues les exécrables bêtes grasses du Midi et qui nous rapproche de l'Angleterre. Elle est surtout utile aux grands centres de consommation. Ainsi l'habitant des ports de mer fait venir de Paris les poissons de choix, et si vous voulez avoir ces beaux dindons qui ont été élevés dans votre village, vous êtes obligés de les demander aussi à Paris.

142. Quelle comparaison peut-on établir sous ce rapport entre l'ancien état de choses et la situation actuelle ?

L'état actuel est bien préférable ; mais il force le producteur à sortir de sa sphère : ainsi, il ne suffit pas qu'il travaille suivant ses goûts, mais il faut qu'il produise suivant les débouchés. Les Comices, les journaux d'agriculture auraient à cet égard une grande mission à remplir, celle d'éclairer la marche des producteurs. Rien de pareil n'existe; tout est fait, au contraire, pour induire en erreur! Prenez le cours de Poissy ; vous voyez à l'article vaches grasses, 1 fr. 10, 1 fr. 14. Allez donc au marché et essayez d'acheter la vache maigre à ce prix ? vous vous en retournerez les mains vides chez vous : et ainsi de tout.

143. Quels sont les frais de transport que les produits agricoles ont à supporter pour être dirigés des lieux de production sur les lieux de consommation ?

Rarement le cultivateur livre ses produits aux points de destination ; presque toujours il les transporte à la ville ou à la gare la plus voisine, et quand le transport se fait

dans la même journée, il ne compte pas plus de **2** fr. les
1,000 k. ou 10 fr. par attelage.

*144. A combien s'élèvent ces frais sur les chemins de fer ? Quels
sont les prix des tarifs et les autres dépenses accessoires ?*

Cette question obtiendra une réponse plus complète des
Compagnies elles-mêmes.

145.

*146. Quels sont les frais de transport par les voies navigables ?
Quelle peut être particulièrement l'influence exercée sur les
débouchés par les droits de navigation intérieure perçus
sur les fleuves, rivières et sur les canaux appartenant à
l'État ou exploités par voie de concession ?*

Les frais de transport par eau sont moindres que par
tout autre moyen lorsque les droits de péage sont suppri-
més ; mais si la batellerie se trouve en concurrence avec
une voie ferrée, le premier soin de la Compagnie est de
l'écraser par ses bas prix pour les relever quand la concurrence est détruite.

IV.

LÉGISLATION. — RÈGLEMENTS. — TRAITÉS DE COMMERCE.

147.

148. *Quelle part la contrée a-t-elle prise au mouvement d'exportation des céréales françaises à destination de l'étranger? Si des expéditions de ce genre ont eu lieu, quel en a été l'effet?*

L'arrondissement d'Amiens prend une part importante à l'exportation des céréales. Le canton d'Hornoy a produit, en 1865, 61,000 hectolitres de blé, soit environ 700,000 pour l'arrondissement. Supposant 600,000 hectolitres pour la consommation, il en resterait 100,000 hectolitres pour l'exportation.

149. *Quels ont été les effets produits par la suppression de l'échelle mobile et quelle est l'influence de la législation qui régit aujourd'hui notre commerce d'importation et d'exportation des grains avec l'étranger depuis la loi du 15 juin 1861?*

L'échelle mobile, malgré ses habiles combinaisons, a trompé l'attente de ceux qui l'avaient mise au jour ; cette déconvenue n'est pas la seule. Lorsqu'on a supprimé les droits à l'entrée des bestiaux, on a cru à une inondation de tous les chameaux d'Egypte, et il n'en a rien été. Aujourd'hui nous donnerions volontiers une prime à l'entrée de leurs élèves pour suppléer à la disette des nôtres.

Les cultivateurs ont vu avec peine la loi de 1861 ne mettre que 50 c. de droit sur les blés étrangers ; mais la fixité en ces matières est tellement nécessaire, que beaucoup hésitent à toucher de nouveau à la législation.

150. Quelle influence attribue-t-on aux opérations d'importation temporaire des blés étrangers pour la mouture et de réexportation de farines, et à l'application des règlements spéciaux relatifs à ces opérations, notamment en ce qui concerne les acquits-à-caution ?

Je ne crois pas cette question spéciale à notre contrée.

151. Quelle a été, dans la contrée, l'importance des quantités de blé étranger introduites pour la mouture? Quelles ont été les quantités de farines exportées en représentation des blés étrangers admis pour la mouture? Quel effet ces opérations ont-elles pu avoir sur le cours des grains ?

Celle-ci non plus.

152. Quelle action ont pu exercer les traités de commerce conclus avec diverses puissances étrangères au point de vue du placement, des prix de vente et des débouchés extérieurs des divers produits agricoles, savoir :

Les céréales ?
Les vins et spiritueux ?
Les sucres indigènes ?
Le bétail ?
Les laines ?
Les beurres et fromages ?
Les volailles et les œufs ?
Les légumes et les fruits frais ?
Les graines oléagineuses.?
Les plantes textiles ?
Les plantes tinctoriales, etc., etc. ?

Pendant les six premiers mois de 1866.

Il est entré   407,285   q. m. de céréales.
Il en est sorti 4,000,000 bénéfice 3,592,715 q. m.
Il est entré   96,898 h, vins spiritueux.
Il en est sorti 2,001,189 bénéfice 1,904,291 h.
Il est entré   728,526 q. m.
Il en est sorti   638,962 perte 89,564 q. m.
Il est entré   246,799 têtes de bétail de toutes sortes.
Il en est sorti   186,804 perte 59,995.
Il est entré   352,752 q. de laine.
Il en est sorti   36,300 perte 516,452.
Il est entré   48,782 q. beurre et fromages.
Il en est sorti   124,247 bénéfice 75,465.
Il est entré   20,589 q. volailles et œufs.
Il en est sorti   184,736 bénéfice 164,147.

Les tableaux ne disent rien des légumes.

Il est entré   548,438 h. de graines oléagineuses.
Il en est sorti   25,205 perte 525,223.
Il est entré   154,421 q. de lin.

Il en est sorti 30,358 perte 124,063.

Il est entré 43,190 q. m. de garances.

Il en est sorti 84,283 perte 41,093.

Il y a perte sur six objets et bénéfice sur 4 dont deux, les céréales et le vin, ont une importance majeure.

153. Quelle influence ces mêmes traités ont-ils pu avoir sur les prix de vente et de location des terres qui sont à portée de profiter des nouveaux débouchés extérieurs qu'ils ont créés?

L'exportation a été considérable sur deux objets importants, le vin et les céréales. Il est possible qu'elle ait fait augmenter le prix des terres consacrées aux vignes ; mais je ne crois pas qu'elle ait eu le moindre effet sur les terres à blé; car c'est à cause de l'abaissement extrême des prix que l'exportation a eu lieu. Le bas des prix du blé n'amène pas le rehaussement des terres : au contraire.

Ce qui milite en faveur du rehaussement des terres c'est plutôt la débacle sur les fonds qui arrête l'engouement pour des valeurs aussi peu sûres.

154.

V.

QUESTIONS GÉNÉRALES.

155. *Quels sont, dans la législation civile et générale, les points auxquels il paraîtrait y avoir lieu d'apporter des modifications que l'on considérerait comme utiles à l'agriculture?*

L'agriculture demande ;

1° Un ministère particulier ;

2° Des tribunaux spéciaux à l'instar de ceux de commerce ;

3° La réorganisation au moyen de l'élection de l'ancien congrès ;

4° L'achèvement dans le plus bref délai possible du code rural ;

5° Que les jeunes soldats ne soient appelés sous les drapeaux qu'après la moisson et que le licenciement ait lieu au mois de juillet et au 1er d'août ;

6° L'embrigadement des gardes-champêtres ; ou au moins un moyen d'obtenir une meilleure surveillance des récoltes ;

7° La conservation des oiseaux utiles à la destruction des bêtes nuisibles, surtout des hannetons dont les vers blancs font autant de tort que les sauterelles. Il faudrait autoriser les maires à donner 1 fr. par hectolitre de hannetons à ceux qui les ramasseraient et 3 fr. par hectolitre de larves.

*156. Quels sont, dans la législation fiscale, les points auxquels il
paraîtrait y avoir lieu d'apporter des modifications que
l'on considérerait comme utiles à l'agriculture ?*

La diminution des droits qui pèsent sur la propriété tels
que les droits d'enregistrement, de mutation sur les ventes
mobilières, etc.

Reprendre avec quelques changements la loi favorisant
les échanges.

Diminuer au lieu de l'augmenter sans cesse l'impôt des
prestations.

Empêcher toute nouvelle augmentation des droits d'octroi.

Faciliter la circulation des liquides.

Décréter le renouvellement judiciaire du cadastre.

Obtenir par des études nouvelles l'équilibre de l'impôt
foncier entre les départements et par suite entre les arrondissements, les cantons et les communes.

Réviser le classement de l'impôt entre particuliers de manière à établir la justice entre tous.

*157. Quelles sont les autres causes générales qui ont pu influer
dans un sens favorable ou nuisible sur la prospérité agricole ?*

L'attrait des jeux immoraux de la bourse, bien plus
fâcheux que les anciennes loteries, nuit considérablement
à la prospérité des campagnes. C'est le chemin que prennent toutes les économies et quelquefois même le capital ;
mais la plupart du temps les campagnards mal renseignés
prennent les fonds les moins sûrs parce qu'ils ont de plus gros
intérêts ; pour un qui s'en tire, il en est vingt qui y en-

gouffrent leur avoir. Et dire qu'on peut vendre le même fonds dix fois dans un jour sans payer aucun droit ! tandis que l'agriculture qui réalise son avoir paie 10 0/0 tant au fixe qu'au notaire.

158.

159. *Les réunions commerciales, telles que les foires et marchés, destinées à la vente des produits agricoles, sont-elles en nombre insuffisant, ou sont-elles, au contraire, trop multipliées ?*

On a accordé jusqu'ici toutes les demandes de foires et marchés qui ont été demandées; ce n'est pas sans doute dans l'espoir que tous prospéreraient à la fois. Je crois qu'il serait temps de s'arrêter dans cette voie, car si les marchés ont un côté utile, ils donnent d'autre part aux cultivateurs l'habitude de la fainéantise et des cabarets: les transactions ne se terminent presque jamais que dans ces lieux.

160. *Existe-t-il des mesures réglementaires émanant des autorités locales et qui seraient de nature à entraver les transactions ?*

Les embellissements des villes nécessitent des impôts de toute espèce. La campagne paie sa bonne part de ces belles créations qu'on lui permet de visiter dans les grandes solennités. Si l'octroi est un mal nécessaire, on devrait tâcher de le restreindre au lieu de l'augmenter.

161. Quels seraient enfin les moyens les plus propres à améliorer
la condition de l'agriculture, et quelles mesures croirait-on
devoir proposer dans ce but ?

Je crois que le véritable soulagement de l'agriculture
viendrait surtout de la diminution des charges qni l'acca-
blent. Mais, dira-t-on, il faut bien que le Gouvernement
trouve de quoi fournir les subventions aux comices ; qu'il
paie les concours, les primes d'honneur, etc ! Dussé-je être
accusé d'être rétrograde, je crois que la suppression de
l'impôt des prestations serait plus utile à la campagne que
toutes ces fallacieuses créations. Du reste s'il y a dans
tout cela quelque chose de bon, l'initiative individuelle
saurait bien s'en emparer et lui donner son prix.

TABLE DES MATIÈRES

DE

L'ÉTUDE SUR LA PROPRIÉTÉ FONCIÈRE.

DEUXIÈME PARTIE.

TROISIÈME PARTIE.

TABLE DES MATIÈRES

DE

L'ENQUÊTE SUR L'AGRICULTURE.

———>·o·⊏ ρ·o·<———

CHAPITRE I.

Conditions générales de la production agricole.

CHAPITRE II.

Conditions spéciales de la production agricole.

CHAPITRE III.

Circulation et placement des produits agricoles. — Débouchés.

— 149 —

CHAPITRE IV.

———

Amiens. — Imprimerie ALFRED CARON FILS, rue de Beauvais, 42.

www.ingramcontent.com/pod-product-compliance
Lightning Source LLC
Chambersburg PA
CBHW072310210326
41519CB00057B/3977